生命科學實驗手冊
動物暨分子生物學篇

Preface

編者序

近年來國內對於生態環境以及生命科學教育相當重視，而生命科學實驗除了包含基礎生物學裏形態解剖構造的認識，及動植物生理相關實驗，更涵蓋分子生物學等基礎實驗課程，以做中學的方式建構出一般大學生對於生物科學的知識理論，藉以增強學生有關科學實驗的邏輯分析能力和解決發現問題的能力，培養學生舉一反三觸類旁通的學習力。本實驗教材以動物和分子生物學為主要材料介紹十八個實驗主題，包含以顯微鏡觀察動物細胞組織器官，及無脊椎、脊椎動物之形態構造，與動物生理、動物行為、生態調查、分子生物學等多門學科之基礎實驗內容集結成教材，非常適合生物學、醫藥學、農學以及理學等相關科學作為選用教材。本教材實驗內容豐富詳盡，涵蓋動物、生物多樣性及分子生物學等不同生物學領域。涵蓋多門基礎課程的實驗教材，提供多元的選擇。圖文並茂，讓學生更能迅速理解實驗操作步驟。搭配詳細實驗結果範例，可讓學生參考了解，以漸進式的設計規劃，讓學生循序漸進學習以激發學生創新能力。

本手冊內手繪圖部分皆由徐立菡小姐繪製，立菡生於台中。台中大元國小第一屆美術班畢業，台中五權國中第二十屆美術班畢業，台中第二高級中學畢業，就讀於清華大學藝術學院學士班，就學期間美術作品曾多次在全國美展中獲獎。特次感謝徐立菡小姐繪製的精美圖片，幫助此本實驗手冊內容更為豐富充實。

本手冊的出版更要感謝中興大學出版中心「農業資源暨生物醫學」學門編輯委員：林偉委員（圖書館館長）、蔣恩沛委員（食品暨應用生物科技學系教授）、鍾光仁委員（植物病理學系教授）、陳姿伶委員（生物產業管理研究所教授）、薛攀文委員（生命科學系教授）、侯明宏委員（基因體暨生物資訊研究所教授）、張力天委員（獸醫系教授）、邱賢松委員（微生物暨公共衛生學研究所教授）及宣詩玲委員（獸醫病理生物學研究所教授）的細心審查及對內容之修改給予建議，使本實驗手冊內容更為完善。編者也要感謝中興大學出版中心的黃俊升組長及曾慧芬小姐的大力支持及協助，使得本實驗手冊順利出版。

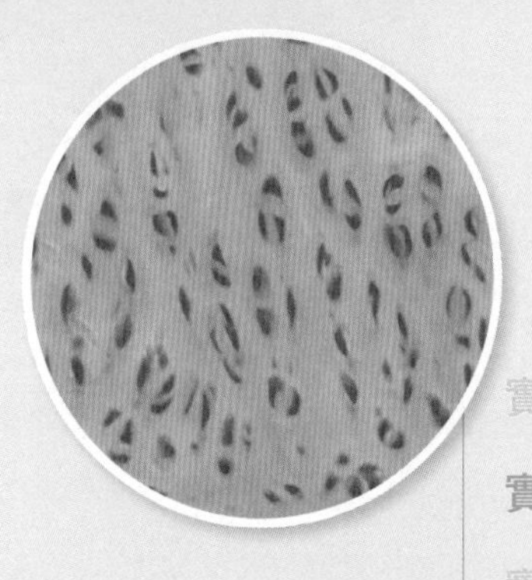

CONTENTS 目錄

生命科學實驗室安全守則

❶ 實驗室內**嚴禁飲食與吸煙**。

❷ 進入實驗室需穿著整齊、綁好長髮、**行動電話請在實驗室外接聽**。

❸ 操作實驗時若需戴手套，接觸公用之把手、電梯、抽屜、櫥櫃等物品時則需**取下手套**。

❹ 實驗前後請徹底洗淨雙手。

❺ 實驗前將桌面清理乾淨，非必要之用品請勿攜入實驗室內。

❻ 坐在實驗椅上操作實驗，勿隨意走動或奔跑，實驗結束後應**清理實驗桌**。

❼ **顯微鏡使用完畢請依規定收好，使用後玻片請勿遺留於載物臺上，玻片若有破損請通知助教處理**。

❽ 接觸過菌體的手套、吸管、吸管尖、離心管、拭淨紙等均應棄置於生物廢棄袋中，於高溫高壓滅菌消毒後方可當一般廢棄物處理。

❾ 實驗中產生之**有機廢液應倒入有機廢液瓶中收集**，不可傾倒於水槽中。

❿ 玻璃廢棄物應收集於指定的紙箱內以便集中回收處理。

⓫ 發生意外時應立即通知任課老師及助教處理。

⓬ **操作各項儀器時應遵守其使用、清潔之規定**。

⓭ **實驗進行前應確實了解其目的以及進行步驟**，方能獨立操作並於實驗後分析結果。

⓮ 實驗動物受動物保護法規範者，請務必遵循。

實驗 EXPERIMENT

01 動物細胞形態與構造

利用特定細胞之染色方式及顯微鏡的觀察，瞭解不同動物組織之細胞形態構造和功能。

動物細胞介紹

真核細胞主要包括細胞膜、細胞質、細胞核三部分。僅由一個細胞構成者稱為單細胞生物；多細胞生物由多個細胞組成，其細胞分化成不同形態並具有特殊功能，彼此分工合作以行使生命現象。動物細胞與植物細胞主要的差異在動物細胞缺少細胞壁與胞器組成和功能各異，以下針對本實驗所觀察的數種動物組織之細胞，進行它們特徵的描述：

1. **口腔細胞**（圖一）

   口腔的皮膜組織為複層扁平上皮組織（steatified squamous epithelium），主要功能為保護作用，其構造包含多層細胞，表層細胞不會角質化，呈扁平不規則形。

2. **脂肪細胞**（adipocyte）

   脂肪組織為一種特化的結締組織，有豐富的血管供應，是儲存生物能量最經濟之形式。

3. **軟骨細胞**（chondrocyte）（圖二）**與硬骨細胞**（osteocyte）（圖三）

   亦為結締組織的成員。軟骨存在耳朵、氣管、鼻端等處，而軟骨細胞位於軟骨基質的骨小腔中，它多為一個或二至四細胞成群，呈圓形（但製片時常會脫水而成皺縮），細胞核內有一個或多個核仁。硬骨的基質稱為骨板，骨板成環狀圍繞中央一縱走腔管，此稱為哈氏管，哈氏管內有血管與神經，而硬骨細胞位於每二環狀骨板相接處的骨小腔中。

4. **血液**（圖四）

血液分成血漿與血球兩部分，血球有紅血球（erythrocyte）、白血球（leukocyte）和血小板（platelet）三種。哺乳類動物紅血球呈雙凹盤狀，直徑約 7 μm，無核，內含血紅素。血紅素能與氧結合，故主要功用在運輸氧。白血球不含血紅素，有核，其主要功能在於防禦疾病，壽命約數小時。白血球根據其細胞質中顆粒的有無，可分為無顆粒球（nongranulocyte）和顆粒球（granulocyte）兩大類。無顆粒球又有淋巴球（lymphocyte）和單核球（monocyte）之分。顆粒球根據其顆粒性質又可分為嗜中性球（neutrophil）、嗜酸性球（eosinophil）和嗜鹼性球（basophil）三種。血小板（platelet），無核，由骨髓中成熟的巨核細胞胞質脫落而來，與血液凝固有關。

5. **平滑肌細胞**（smooth muscle cell）（圖五）**、骨骼肌細胞**（skeletal muscle cell）（圖六）**、心肌細胞**（cardiatic muscle cell）（圖七）

肌肉組織具收縮性，可完成動物之行走、飛翔、游泳以及心臟搏動等動作。肌肉組織分為平滑肌、骨骼肌與心肌。在光學顯微鏡下，骨骼肌與心肌組織可見到橫紋，是由互相交替的明帶及暗帶所形成。

(1) 平滑肌細胞呈紡錘形、單核，核位於細胞中央，存在於中空的內部構造壁內，如血管、胃、腸及其他一些管道。在脊椎動物體內，平滑肌被認為是非自主的，因為動物個體通常無法直接控制其收縮。

(2) 骨骼肌內含細長的柱狀細胞，多核，核位於細胞邊緣。通常以肌腱附著在脊椎動物的骨骼上，並負責自主運動。

(3) 心肌是脊椎動物心臟的收縮組織。心肌細胞比大部份的骨骼肌細胞短、單核且核位於細胞中央。心肌細胞彼此緊密排列，細胞與細胞間有間盤（intercalated disk）使細胞間可互相溝通，並協調心肌作有節律的活動。

6. **神經細胞**（圖八）

神經細胞稱為神經元（neuron），這種特化的細胞，可以接收並傳導神經衝動。神經元包含細胞體（cell body）及其上的突起；細胞體內有細胞質及一個細胞核；核呈球狀，位於細胞體中央。突起有樹突（dendrite）和軸突（axon）兩種，樹突短而分支，接受外來或另一神經元傳來之衝動。軸突長而不分支，將衝動傳離細胞體。

7. **精細胞**（sperm cell）（圖九）、**卵細胞**（oocyte）（圖十）

動物成熟的生殖細胞只有兩種：即雄性的精細胞和雌性的卵細胞，它們分別由精原細胞與卵原細胞發育而來，屬於單倍體細胞。人類成熟精細胞形似蝌蚪，分成頭、頸、中間、尾四部分，頭部含親代遺傳物質，而尾部具有運動功能。卵細胞呈球形，為動物體內最大的細胞，卵細胞的細胞質含有豐富的卵黃，是胚胎發育初期所需要的營養物質。

實驗材料

實驗材料
肥豬肉、口腔細胞、軟骨細胞、硬骨細胞、血液抹片、肌肉細胞、神經細胞、生殖細胞等的永久切片
光學顯微鏡、載玻片、蓋玻片、牙籤、滴管、吸水紙
甲基藍液（Methylene blue）、蘇丹四號液（Sudan IV）、生理食鹽水

實驗步驟

1. 口腔皮膜細胞（圖十一）

   (1) 於載玻片中央滴上生理食鹽水。

   (2) 用牙籤輕刮取口腔內兩頰的皮膜少許，請勿用挖或戳的方式，以免受傷。

   (3) 將刮下的少許皮膜，抹於載玻片上生理食鹽水溶液中並輕攪散，避免細胞黏成團。

   (4) 輕蓋上蓋玻片，於玻片一側滴上甲基藍液，另一側以吸水紙吸取溶液，完成均勻染色。

(5) 置於顯微鏡下，先以低倍鏡觀察，找到細胞後，再換成高倍鏡仔細觀察細胞的形態。

(6) 細胞是呈現什麼形狀？由於甲基藍液可以染細胞核，所以在顯微鏡下所觀察到的藍色顆粒即是細胞核。

(7) 與口腔細胞永久切片比較。

2. **脂肪細胞**

(1) 利用鑷子輕輕夾取少許肥豬肉。

(2) 懸浮於載玻片上生理食鹽水溶液中。

(3) 輕蓋上蓋玻片，於玻片一側滴上蘇丹四號液，另一側以吸水紙吸取溶液，完成均勻染色。放在顯微鏡下觀察，先以低倍鏡觀察，找到細胞後，再換成高倍鏡仔細觀察細胞的形態。

(4) 看到圓形的細胞外形，還有一顆顆的圓球構造，主要為脂肪。由於蘇丹四號可以染脂肪，細胞內紅色的部份即是脂肪小滴。

3. 利用永久切片辨認並比較**軟骨細胞與硬骨細胞、血液細胞、肌肉細胞、神經細胞與生殖細胞。**

NOTE

實驗附圖

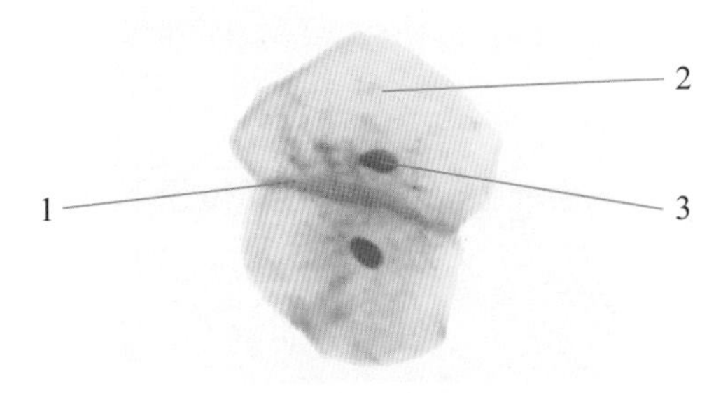

● 圖一：口腔細胞（1.細胞膜，2.細胞質，3.細胞核）

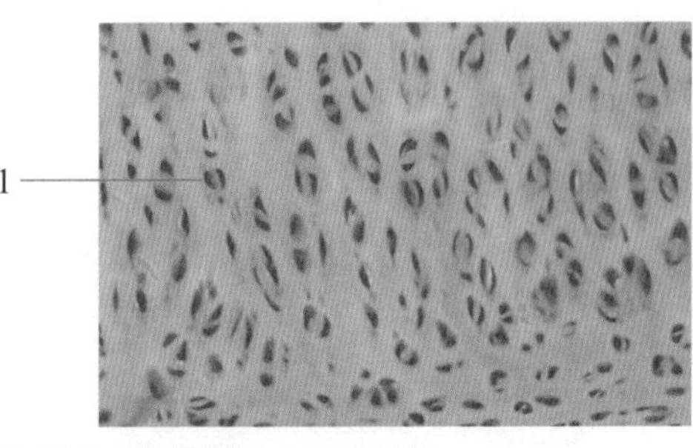

● 圖二：軟骨細胞（1.細胞核）

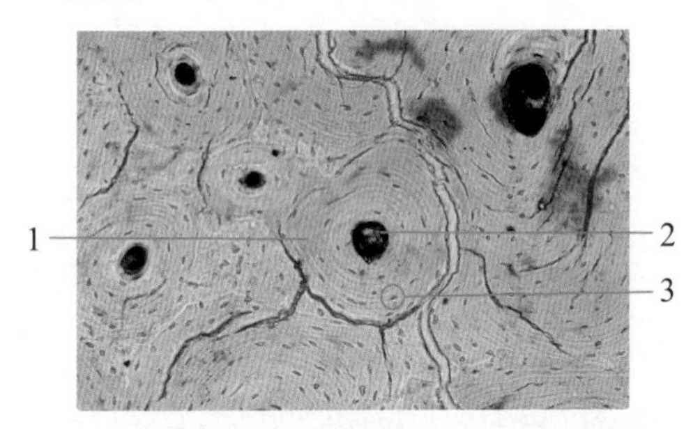

● 圖三：硬骨細胞（1.骨板，2.哈氏管，3.硬骨細胞）

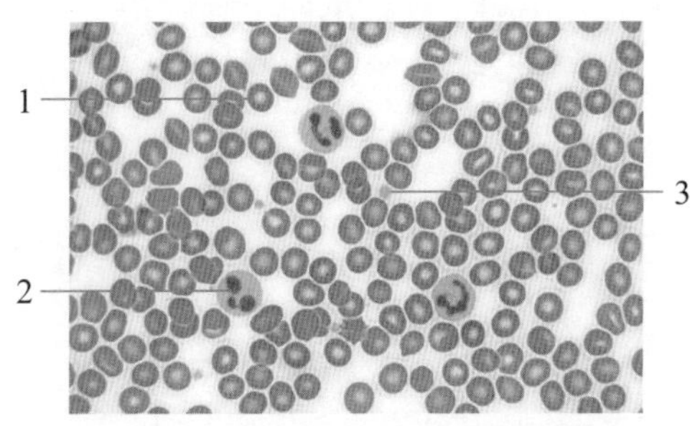

● 圖四：血液細胞（1.紅血球，2.白血球，3.血小板）

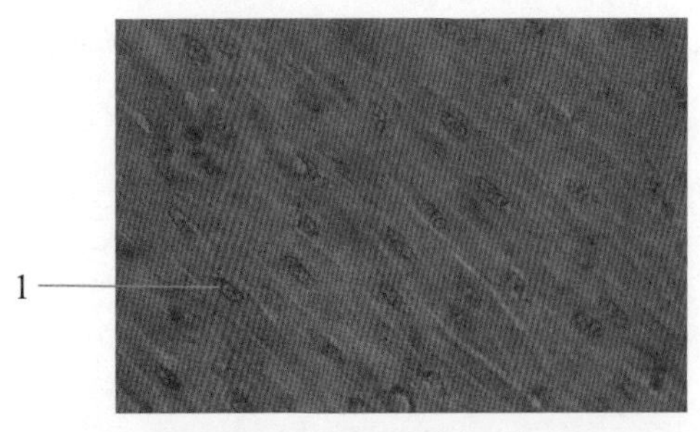

● 圖五：平滑肌細胞（1.細胞核）

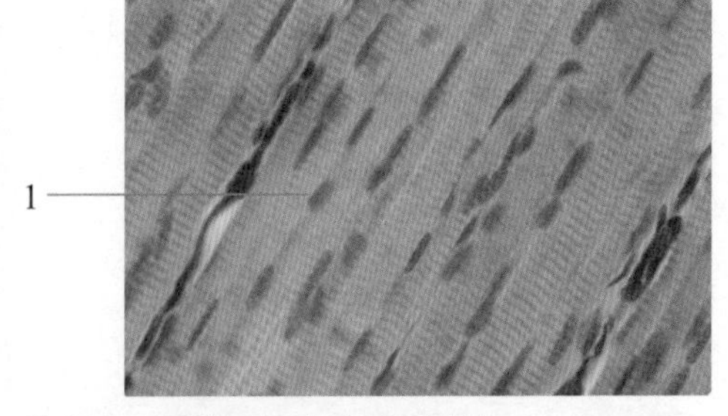

● 圖六：骨骼肌細胞（1.細胞核）

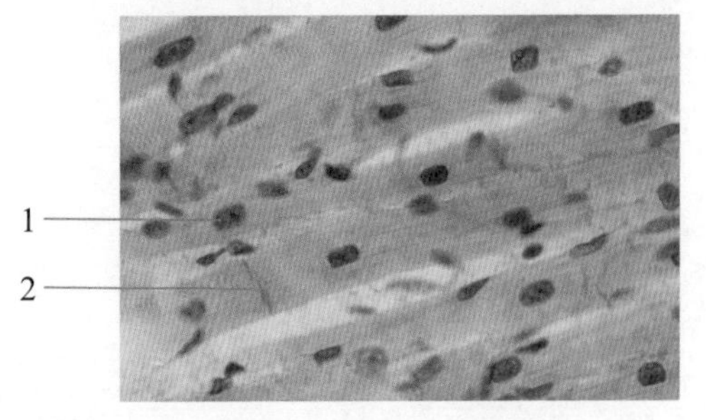

● 圖七：心肌細胞（1.細胞核，2.肌間盤）

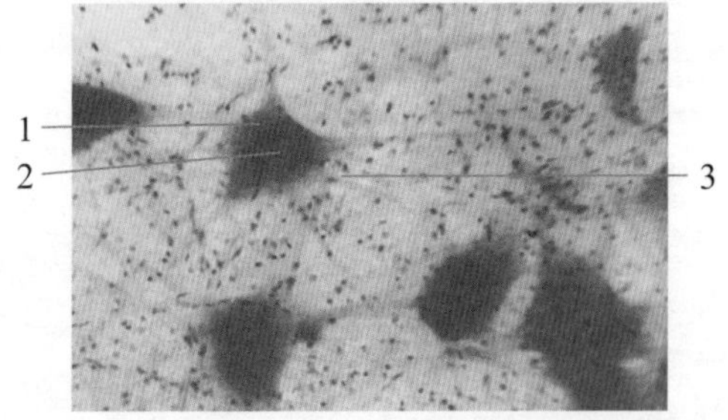

● 圖八：神經細胞（1.細胞本體，2.細胞核，3.樹突）

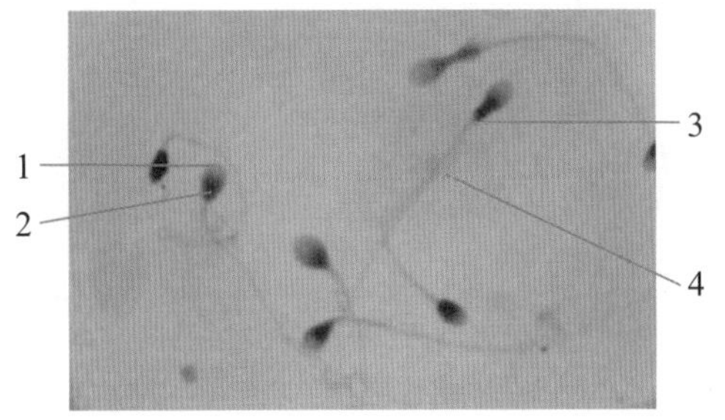

● 圖九：精細胞（1.頭部，2.頸部，3.中間部，4.尾部）

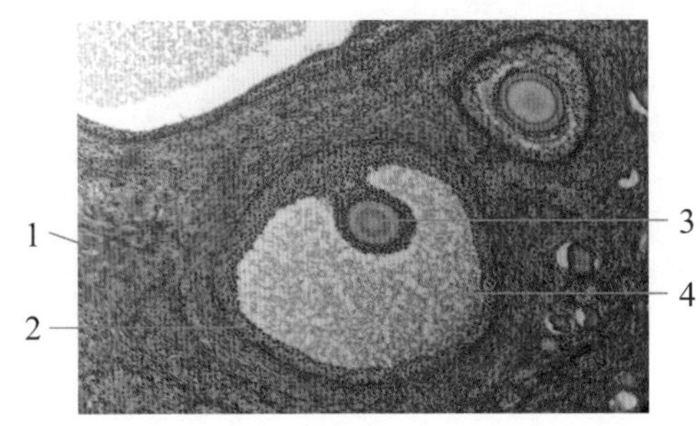

● 圖十：卵巢中的成熟濾泡（1.初級濾泡，2. 成熟的格氏濾泡（Graafian follicle），3.次級卵細胞，4.濾泡液累積為竇（antrum））

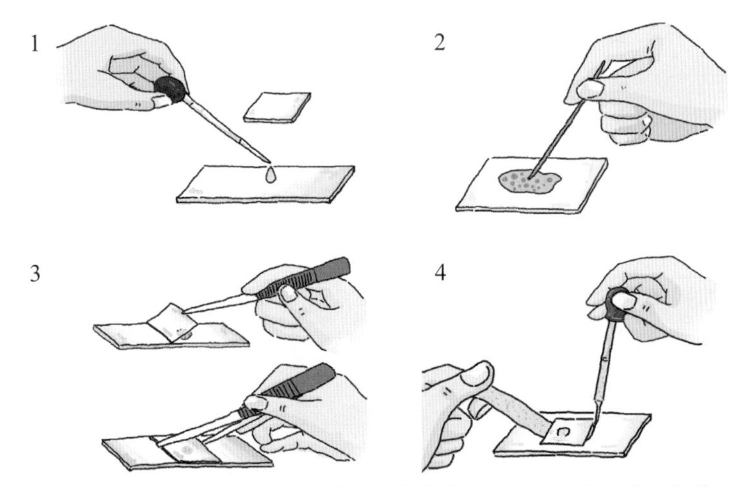

● 圖十一、玻片染色步驟（1. 於載玻片中央滴上生理食鹽水 2. 將取得的組織均勻攪散於生理食鹽水中 3. 輕蓋上蓋玻片 4. 於玻片一側滴上染劑，另一側以吸水紙吸取溶液完成染色）

實驗習題

❶ 觀察永久切片標本與新鮮抹片標本，並依照重要特徵繪圖。

❷ 比較不同動物細胞之大小、外部形態、排列以及胞器的特徵。

實驗 EXPERIMENT

02 無脊椎動物（一）

藉由觀察動物形態特徵，瞭解常見的無脊椎動物。

無脊椎動物介紹

無脊椎動物泛指脊椎動物（Vertebrata）以外的所有動物，包含單細胞的原生動物（Protozoa, 如：眼蟲）與多細胞的後生動物（Metazoa）。依其形態差異，後生動物再被分成側生動物（Parazoa, 如：海綿動物）與真後生動物（Eumetazoa），其中真後生動物因其對稱方式而有輻射對稱動物（Radiata, 如：刺胞動物）、兩側對稱動物（Bilateria）之分。而兩側對稱動物又能依其體腔有無與真假區分為無體腔動物（Acoelomata, 如：扁形動物）、假體腔動物（Pseudocoelomata, 如：線蟲動物）及真體腔動物（Eucoelomata）作區分。依據其胚胎發育過程中消化道開口的形成方式，真體腔動物又分成兩群：原口（Protostomia, 如：環節動物、軟體動物、節肢動物）及後口動物（Deuterostomia, 如：棘皮動物、脊索動物）。以下由兩個實驗章節分別介紹代表動物門的形態特徵：

1. **原生動物**（Protozoa）**：**單細胞，由於其為異營性生物且有自主運動能力，因此被認為實是原生生物（Protist）中較接近動物的一群。如：**眼蟲**（*Euglena*）（圖一），但許多眼蟲種類同時具有葉綠體，可行自營生活。
2. **多孔動物門**（Phylum Prorifera）：代表生物為海綿（Spongia）（圖二），行固著生活、構造簡單，僅由兩層細胞組成囊狀身體，無器官組織的分化。屬濾食性，水流由身體四周的較小入水孔進入，內層體壁有具鞭毛的襟細胞

（Choanocyte），利用鞭毛擺動將水流內的食物粒子帶進細胞中，水流最後經頂端較大的出水口流出。內外體壁之間為中膠層（Mesophyl），具有支持性的針狀骨骼。

3. **刺胞動物門**（Phylum Cnideria）：輻射對稱、無體腔。利用圍口部周圍的觸手捕捉、攻擊獵物，觸手上具有刺絲胞（Cnidocyte）（圖三），受到刺激後，刺絲胞中的刺囊（Nematocyte）會將帶刺的的絲狀物射出勾住獵物並注射毒液。代表生物為多行固著生活的珊瑚（圖四）、海葵（圖五）與多為自由活動的水母（圖六）。
4. **扁形動物門**（Phylum Platyhelminthes）：兩側對稱、具內中外三胚層、無體腔的原口動物。代表生物有行自由生活的渦蟲（圖七），及行寄生生活的條蟲（圖八）。蟲體神經系統具明顯的頭化現象與功能合一的消化循環腔，僅有一個開口。渦蟲體表具纖毛，體前端有一對可感光的眼點，主要為腐食性，行斷裂生殖。條蟲多有分節，由頭節（scolex）、頸部及節片（proglottid）組成，頭節上有吸盤或鉤是吸附寄主腸道及吸收養分的部分；節片數量由一至數千，至少有一套雌雄生殖器官，不具消化系統，節片成熟後脫落隨宿主糞便排出體外。
5. **線蟲動物門**（Phylum Nematoda）：兩側對稱、三胚層、假體腔的原口動物，為動物界中物種數高、生物量豐富的一群。蟲體大多體小且成圓柱形，體表分泌堆積形成硬而薄的角質膜，會隨著成長而蛻皮；體壁只有縱肌、缺乏橫肌，因此只能兩側扭動；有具口及肛門的消化道；雌雄異體、行體內受精。非寄生型的代表生物為模式生物秀麗隱桿線蟲（*Caenorhabditis elegans*），寄生型的代表生物則為蛔蟲。
6. **環節動物門**（Phylum Annelida）：兩側對稱、真體腔的原口動物。大部分具有體節，每一體節由肌質隔膜分隔，消化道、縱行主血管和神經索則貫穿全身體節；消化道有兩個開口，由口腔依序為咽、食道、嗉囊（crop）、砂囊（gizzard）、腸道與肛門。代表生物有具剛毛的貧毛類（oligochaete）蚯蚓（圖九）、體節上有成對的剛毛與疣足的改為多毛類（polychaete）沙蠶（圖十）與無環節、剛毛等的星蟲（Sipuncula）（圖十一）。

7. **軟體動物門**（Phylum Mollusca）：兩側對稱、真體腔的原口動物，已知的物種數量在動物界僅次於節肢動物門。無體節、無內骨骼；身體結構可分為頭部、足部、內臟團與表皮形成的外套膜（mantle），部分種類外套膜會分泌保護用的碳酸鈣外殼，以及多數種類口中有一特殊的基丁質長帶狀磨食器官，稱為齒舌（radula）。常見軟體動物有腹足類（gastropod）的蝸牛（圖十二）、蛞蝓（圖十三），濾食性的雙殼類（bivalve）蛤蜊（圖十四）與運動能力佳的頭足類（cephalopod）魷魚（圖十五、十六）。頭足類全為海洋性，由於足部直接與頭部相連，因此稱為頭足類，外套膜為肌肉質，足部則具有可協助捕捉獵物的吸盤；循環系統屬閉鎖式，且全為雌雄異體。

實驗材料

活體樣本：渦蟲
新鮮樣本：蛤蜊、魷魚
玻片標本：眼蟲、水螅、絛蟲、蛔蟲、蚯蚓
浸液標本：海綿、沙蠶、星蟲、蝸牛、蛞蝓等

光學顯微鏡、載玻片、蓋玻片、燒杯、滴管、吸水紙
解剖顯微鏡、鑷子、剪刀、培養皿、解剖盤

漂白水（對黏膜具有刺激性，請於抽氣櫃中操作）

實驗步驟

1. 海綿

(1) 取少許海綿組織放置在載玻片上，滴上漂白水靜置數分鐘。

(2) 以鑷子輕攪散，蓋上蓋玻片，以光學顯微鏡觀察骨針型態。

2. 將眼蟲、水螅、絛蟲、蛔蟲、蚯蚓等玻片標本放置顯微鏡下觀察。

3. 將海綿、海葵、沙蠶、星蟲、蝸牛、蛞蝓等浸液標本自酒精中取出觀察外型特徵。

4. 渦蟲

 (1) 在解剖顯微鏡下觀察渦蟲外型與游泳方式。

 (2) 以黑布遮蔽一半燒杯，觀察渦蟲運動的方向性。

 (3) 將渦蟲自頭部橫切一刀，分為有眼點的頭側與無眼點的尾側，再繼續觀察渦蟲的運動的方向性。

5. 蛤蜊

 (1) 就外型判斷蛤蜊前端、後端、左側、右側。

 (2) 以解剖刀將緊閉的雙殼分開，小心切斷閉殼肌。

 (3) 觀察出入水管、外套膜、斧足、閉殼肌、鰓等構造。

6. 魷魚

 (1) 由背側觀察足部、頭部、外套膜、鰭、表皮色素細胞（chromatophore）等部位，由腹側觀察出水管（funnel），由足部中央觀察口球（buccal mass）、口喙（beak）以及齒舌。

 (2) 自腹側外套膜開口中央以剪刀剪至身體後側，將外套膜肌肉往兩側拉開、固定，觀察出水管與外套膜軟骨、鰓（gill）、鰓心（branchial heart）、消化腺/肝（digestive gland/liver）、胃（stomach）、盲囊（caecum）、直腸（rectum）、肛門（anus）、墨囊（ink sac）。

 (3) 雌性個體可觀察卵巢（ovary）、輸卵管（oviduct）、纏卵腺（nidamental gland）與附纏卵腺（accessory nidamental gland）。

 (4) 雄性個體可觀察精巢（testis）、精莢囊（Needham's sac）、陰莖（penis/terminal organ）。

實驗附圖

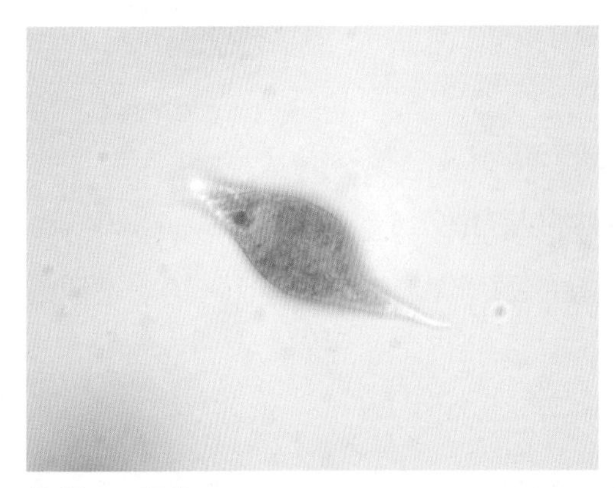

● 圖一：眼蟲

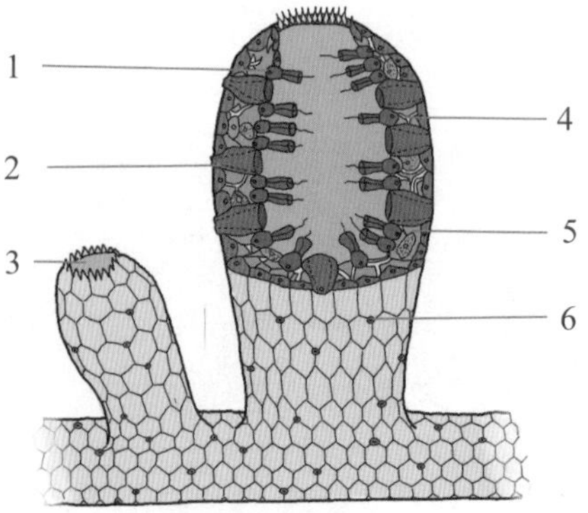

● 圖二：海綿剖面圖（1.襟細胞，2.與 6.入水孔，3.出水孔，4.骨針，5.中膠層）

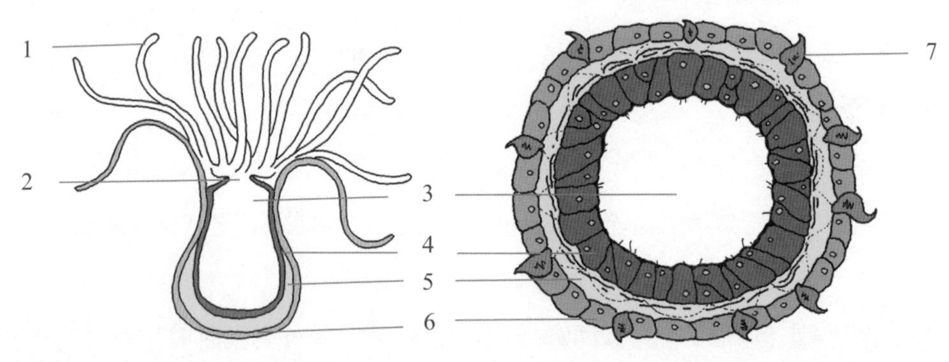

● 圖三：水螅縱剖面與組織橫切手繪圖（1.觸手，2.口部，3.消化腔，4.胃皮層，5.中膠層，6.表皮層，7.刺絲胞）

● 圖四：珊瑚

● 圖五：海葵

圖六：水母

圖七：渦蟲

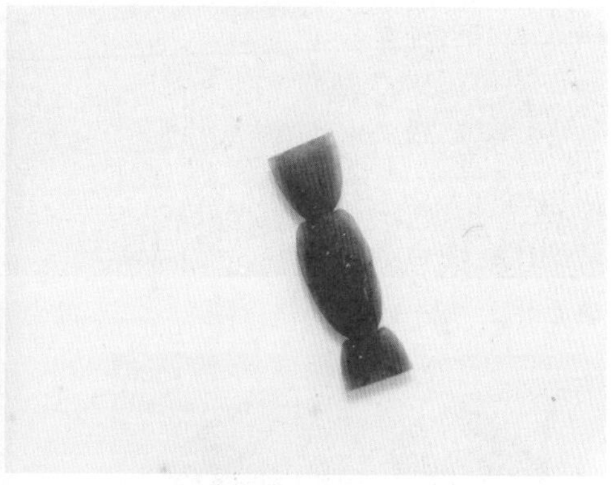

圖八：成熟條蟲之節片

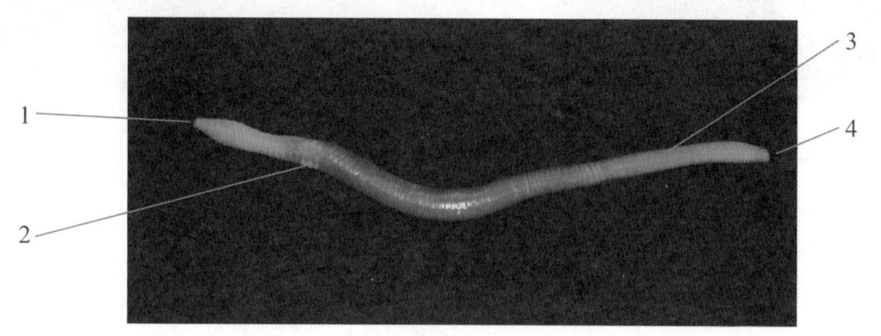

圖九：蚯蚓（1.口，2.生殖突，3.體節，4.肛門）

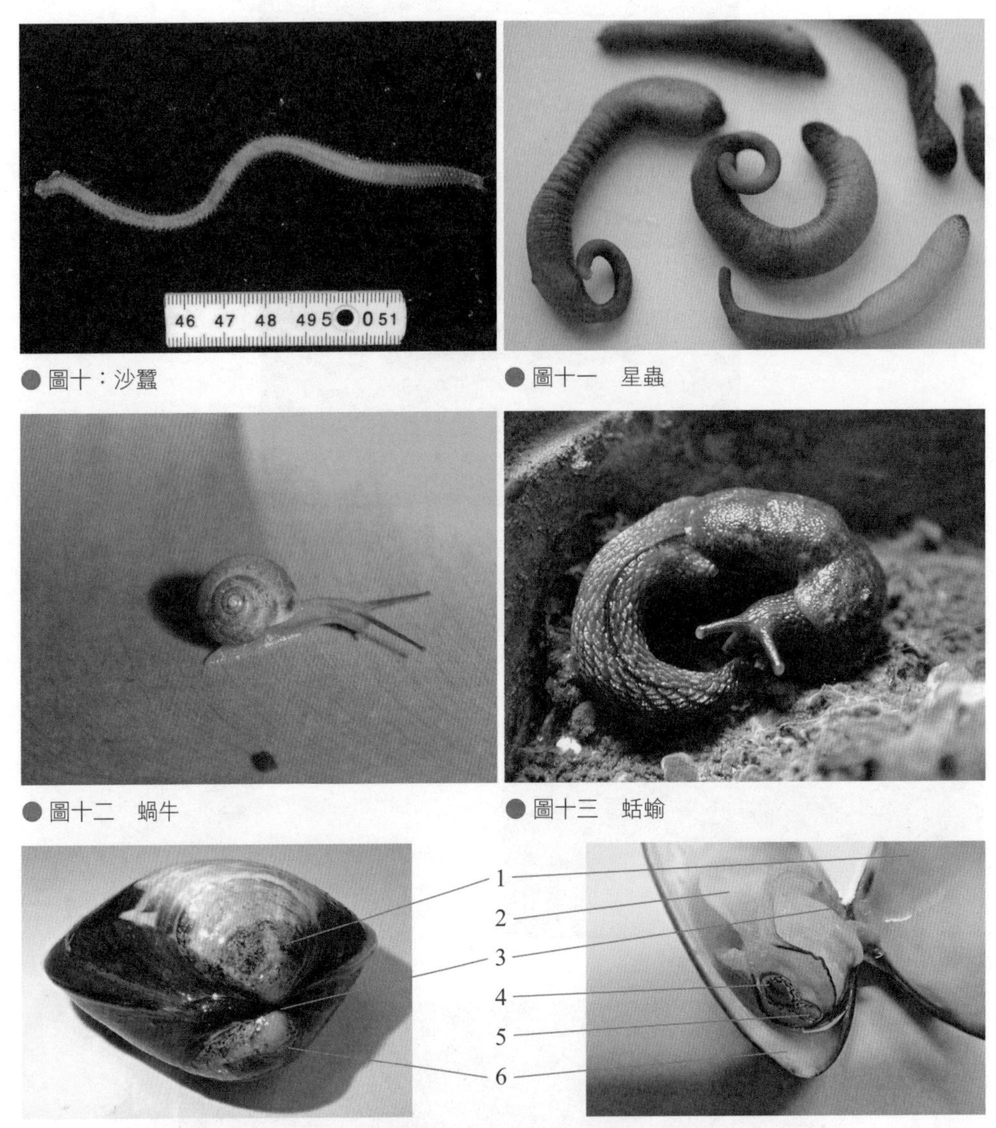

圖十：沙蠶

圖十一　星蟲

圖十二　蝸牛

圖十三　蛞蝓

圖十四　蛤蜊（1.左殼，2.足，3.絞合區，4.入水管，5.出水管，6.右殼）

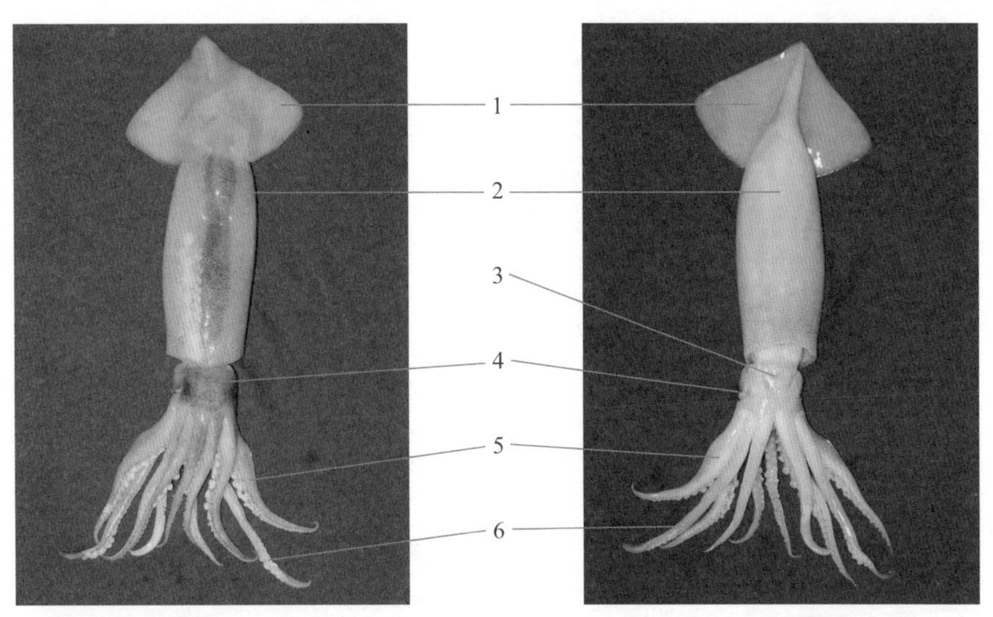

● 圖十五　魷魚外觀（左：背側，右：腹側，1.鰭，2.外套膜，3.出水管，4.眼（頭部），5.腕，6.觸腕）

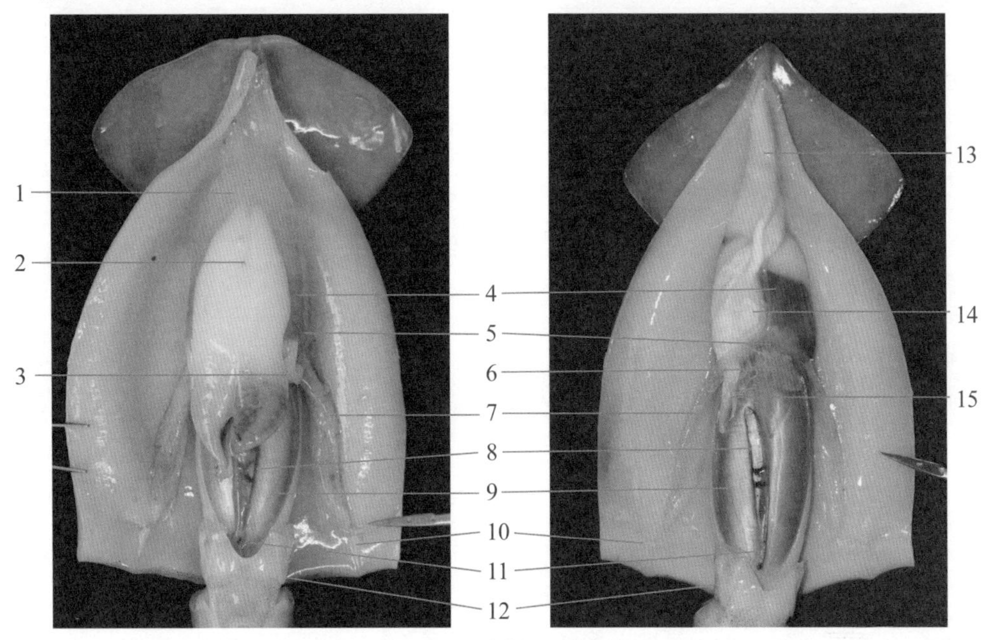

● 圖十六　魷魚內部構造（左：雌，右：雄，1.卵巢，2.纏卵腺，3.輸卵管，4.盲囊，5.鰓心，6.腎，7.鰓，8.墨囊，9.肝，10.外套膜軟骨，11.肛門，12.出水管軟骨，13.精巢，14.儲精囊，15.陰莖）

NOTE

實驗習題

❶ 各門擇一代表生物繪出外型並標註特徵。

❷ 繪出魷魚（雌或雄擇一）解剖圖並標註各部位及構造。

實驗 EXPERIMENT

03 無脊椎動物（二）

藉由觀察動物形態特徵，瞭解常見的無脊椎動物。

無脊椎動物介紹

無脊椎動物泛指脊椎動物（Vertebrata）以外的所有動物。本章節介紹無脊椎動物中屬於原口動物的節肢動物，與後口動物的棘皮動物以及脊索動物中的頭索動物及被囊動物：

1. **節肢動物門**（Phylum Arthropoda）：兩側對稱、真體腔的原口動物，在動物界中具有最高的物種多樣性。具幾丁質的外骨骼，成長期需要進行蛻皮；身體由頭、胸、腹等體節所構成，加上具關節的附肢，如觸角、口器與足部，分別特化為感覺、進食、運動與生殖等功能。節肢動物具有發達的感覺器官，包括：眼、負責感覺或嗅覺的觸角（antennae），且頭化現象明顯，具開放式循環系統（open circulatory system）。代表生物除蝦蟹等甲殼類（crustacean）（圖一、二）主要為水生之外，其餘昆蟲（圖三）、蜘蛛（圖四）、蜈蚣/馬陸（圖五）等皆多為陸生。甲殼動物分頭胸、腹部，每一體節均具有附肢一對，具有二對具感覺功能之觸角，口器由三對以上附肢特化而來，包括大、小顎等；胸部具步行足（walking legs），腹部則具有附肢，用以游泳或雌性個體抱卵（圖一、二）。
2. **棘皮動物門**（Phylum Echinodermata）：多為輻射對稱，通常由中心分出五個輻軸，全為海生，真體腔後口動物。原腸胚口形成肛門，口部是後來形成，故為後口。表皮下有帶刺之內骨骼，為鈣質之骨板，以短帶相連，骨板上生有疣突及棘，具不同的功能，故稱棘皮動物。棘皮動物具獨特運動功能的水管系統（water vascular system），由網狀水管（hydraulic canals）構成，水管分枝的末端為管足（tube feet），管足藉著肌肉質的壺腹（ampulla）調整位置與長度，藉以行動、攝食及氣體交換。代表生物有海星（圖六）、海膽（圖七）、海參（圖八）、蛇尾（又稱陽隧足，圖九）、海百合（圖十）。海參體壁可見五束明顯縱肌，其消化道包括食道、胃、腸管、泄殖腔、及肛門。泄殖腔上有二條分枝繁多的管狀呼吸樹（respiratory tree），可與體液進行氣體及廢物之交換。有些海參類在呼吸樹的基部有一些細長的小管稱為居維氏管（Cuvierian tubules），遇敵時從肛門處射出，其黏性強可纏繞敵體，用以避敵逃生。

3. **頭索動物亞門**（Subphylum Cephalochordata）：屬於脊索動物門（Phylum Chordata），兩側對稱、三胚層真體腔的後口動物。脊索動物的共同特徵為在生活史中的某個階段具有脊索（notochord）、中空的神經索（nerve tube）、以及咽鰓裂（gill silts）。頭索動物全為熱帶或溫帶沿海的小型動物，其脊索延伸至神經索的前方，直達吻部。代表生物為文昌魚（*Amphioxus* sp.）（圖十一），形似魚，體小而透明、側扁，無頭及腦，體有肌節但無鱗片。
4. **被囊動物亞門**（Subphylum Tunicata）：又稱尾索動物（Urochordata），同屬脊索動物門，全為海生。其脊索與神經索僅存於幼體尾部。代表物種有成體固著型的海鞘（Ascidiacea）（圖十二）與浮泳型的海樽（Thaliacea）。海鞘成體呈囊型，被囊頂部分別有較高的出水口與較低的入水口，脊索與神經索退化，只保留一神經節。海樽可單體或群體生活，被囊薄而透明，其中火體蟲（圖十三）由多個海鞘樣的小蟲排列成圓筒形，一端閉合，形成共用的泄殖腔，透過個蟲將水分排出而使火體蟲前進，也同時攝取食物。

實驗材料

新鮮樣本：螃蟹
浸液標本：蜘蛛、蜈蚣/馬陸、海參、海膽、海星、蛇尾、海百合、海鞘、海樽、火體蟲
乾製標本：昆蟲、海膽

光學顯微鏡、載玻片、蓋玻片、解剖顯微鏡、鑷子、剪刀、培養皿、解剖盤

實驗步驟

1. 觀察昆蟲標本之體節與附肢。
2. 將蜘蛛、蜈蚣/馬陸自酒精標本瓶中取出，觀察體節與附肢。
3. 螃蟹
   ⑴ 觀察體節與附肢。
   ⑵ 將頭胸甲剝開，觀察循環系統：正中央透明微黃的心臟及其連接的血管、左右鰓腔及附肢形成的鰓清潔器。
   ⑶ 觀察消化系統：前端口器、食道、胃囊、胃囊旁的肝胰臟、腸道、直至腹部末端的肛門。
   ⑷ 觀察雌性個體卵巢與雄性個體精巢。
4. 將海星、海膽、海參、蛇尾、海百合等自酒精標本瓶取出，觀察外部的對稱關係、具棘的表皮、骨板、口部與肛門的位置。
5. 將海鞘、海樽、火體蟲等自酒精標本瓶取出，觀察其出入水口，與群體的排列組合的方式。

實驗附圖

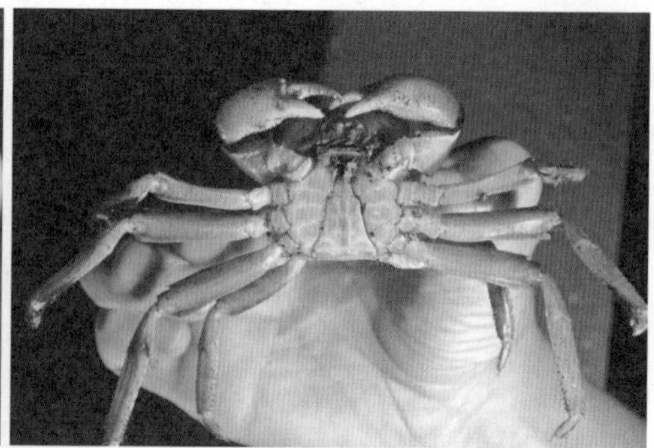
● 圖一：甲殼動物蟹類（左：雌，右：雄）

● 圖二：蟹（1.胃囊，2.心臟，3.鰓，4.鰓清潔桿）

● 圖三：昆蟲

● 圖四：蜘蛛

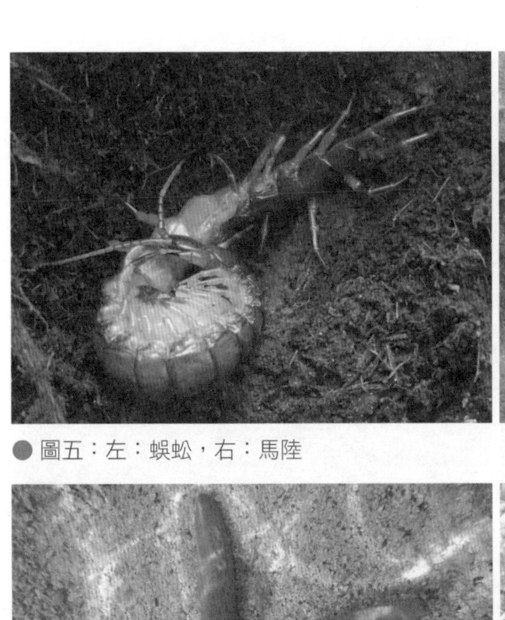

● 圖五：左：蜈蚣，右：馬陸

● 圖六：海星

● 圖七：海膽

● 圖八：海參

● 圖九：蛇尾/陽隧足

● 圖十：海百合

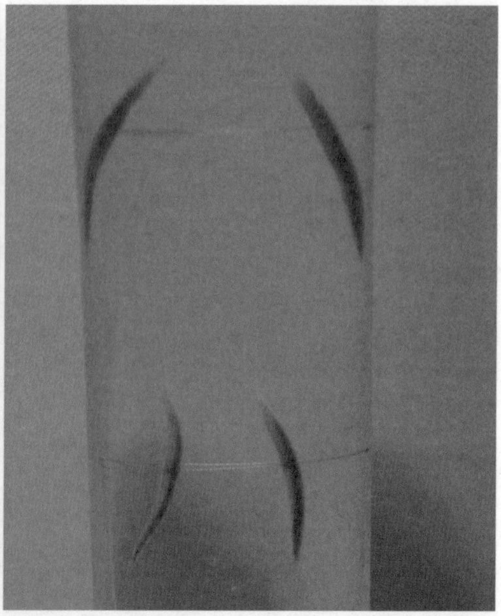

● 圖十一　文昌魚

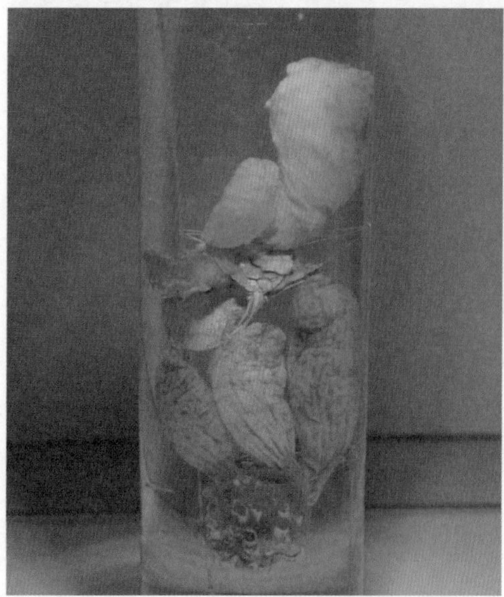

● 圖十二　海鞘

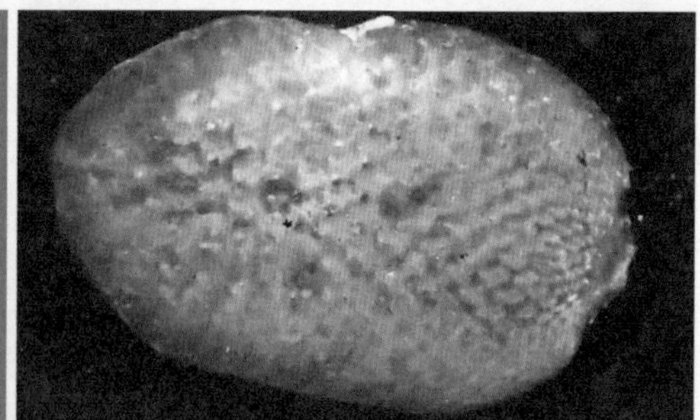

● 圖十三　火體蟲

NOTE

實驗習題

❶ 各門（亞門）擇一代表生物繪出外型並標註特徵。

❷ 指出雄蟹與雌蟹外型的差異。

❸ 繪出螃蟹之解剖圖並標註內部構造。

實驗 EXPERIMENT

04 脊椎動物

藉由觀察形態特徵，瞭解臺灣常見的脊椎動物。

脊椎動物介紹

脊椎動物亞門（Subphylum Vertebrata）在脊索動物中的種類最多，形態多樣性最高，分布範圍也最廣。除具有與其他脊索動物的共同特徵外，其脊索由脊柱（vertebral column）取代為其主要特徵。脊椎動物包含魚類、兩棲動物、爬蟲類、鳥類以及哺乳動物等五大類，以下分別介紹之：

1. **無頜總綱**（Agmatha）：為最原始的脊椎動物，現生種類外型似鰻，無上下頜。臺灣附近海域有盲鰻（hagfish）（圖一）屬此類生物，身體前端為圓柱形，後端較側扁。眼退化被皮膚覆蓋，不具水晶體及視網膜，口位於頭部腹面，吻端具有肉質短鬚。體腹部中線兩側各有一列鰓孔，體側則具黏液孔，可分泌大量黏液用於保護。
2. **軟骨魚綱**（Chondrichthyes）：現生種類只具有軟骨性內骨骼，以鯊（圖二）、魟（圖三）屬於板鰓亞綱（Elasmobranchii），鰓裂分別外開，無皮瓣或鰓蓋，鰓生於鰓隔兩側，鰓隔之游離緣與鰓裂之間皮膚相連。體表生盾鱗、無鰾，雄性具特殊的交接器—鰭腳（clasper），具泄殖腔。銀鮫（圖四）屬全頭亞綱（Holocephali），頭大側扁，尾細長，鰓裂上有一皮膜狀鰓蓋，上頜與頭顱癒合，故屬全頭亞綱（Holocephali），雄性亦具鰭腳，但雌性不具泄殖腔。
3. **硬骨魚綱**（Osteichthyes）：骨骼由硬骨所組成，可分為輻鰭魚（Actinopterygii）與肉鰭魚（Crossopterygii）。輻鰭魚為現今水中最主要的魚類亦為脊椎動物中多樣性最高的一群，體表披硬鱗或無鱗。無鰓裂，但具一骨質鰓蓋，多數具鰾（圖五、六）。肉鰭魚的特點是魚鰭中的中軸骨與肌肉組織，被視為兩棲動物與四足類的祖先，腔棘魚與可適應陸域濕地環境的肺魚皆屬於此類。

4. **兩棲綱**（Amphibia）：兩棲類生物皮膚濕滑，幼生蝌蚪期以鰓呼吸，具側線，變態為成體期間四肢長出並以肺呼吸，成體具一對鼻孔與口腔相通，眼睛具有可動的眼瞼，舌能翻出捕捉獵物，現生之兩棲綱共有三目，有尾目（Urodela），代表生物如山椒魚（圖七）；其二為無尾目（Anura），代表生物如蛙和蟾蜍（圖八）；其三為無足目（Apoda）如蚓螈。
5. **爬蟲綱**（Reptila）：由原始之兩棲類演化而來，已完全適應陸地生活。皮膚具許多鱗片，鱗片下具骨板，內臟器官由肋骨保護。雄性具一條陰莖可行體內受精，而從爬蟲類始，受精卵在發育過程中具胚外膜，可完全離水在羊膜中發育，在演化中為一大進展，故爬蟲類、鳥類、哺乳類合稱羊膜動物（Amniota）。現生爬蟲綱主要有三目：龜鱉目（Chelonia）（圖九），終生背負由肋骨演化的沉重外殼而行動緩慢，具角質喙、無齒。2.有鱗目（Squamata），包括所有的蜥蜴（圖十）及蛇類（圖十一），皆具角質鱗片，除蛇蜥科（Anguidae）外皆具有四肢。3.鱷目（Crocodilia）（圖十二），個體大、結構堅韌、頭部結實，皆為肉食性捕食者。
6. **鳥綱**（Aves）（圖十三）：唯一具有羽毛（圖十四）之脊椎動物，羽毛由爬蟲類鱗片演化而來，且其後肢亦具鱗片，被視為與爬蟲類具有共同祖先。許多構造特化因而具極佳的飛行能力，如具中空之骨骼及氣囊可減輕體重、胸肌發達、具透明的瞬膜用以保護眼睛。
7. **哺乳綱**（Mammalia）：唯一具有乳腺、毛髮、及汗腺的動物。包含胎生的有袋類（marsupials），如無尾熊（圖十五）及胎盤類動物（placentals）。胎盤類動物具常見的囓齒目（Rodentia）如鼠（圖十六）（其外部特徵與內部構造詳見"實驗六：老鼠的外部型態及內部構造"）、翼手目（Chiroptera）如蝙蝠（圖十七），為唯一會飛的哺乳類、鼩形目（Soricomorpha）如鼩鼱、鱗甲目

（Pholidota）如穿山甲（圖十八）、食肉目（Carnivora）如犬（圖十九）、偶蹄目（Artiodactyla）如豬（圖二十）與鯨豚（圖二十一）、靈長目（Primates）（圖二十二）包含人在內。

實驗材料

新鮮樣本：吳郭魚
解剖顯微鏡、培養皿、鑷子、解剖剪刀、解剖刀、解剖盤、解剖針、游標尺

實驗步驟

1. 將吳郭魚以大頭針展鰭固定於解剖盤上。
2. 以鑷子取一鱗片在顯微鏡下觀察型態及輪紋。
3. 觀察頭部：口、鼻孔、眼、鰓蓋。
4. 觀察軀幹：背鰭與臀鰭各一、胸鰭與腹鰭為一對、肛門緊靠臀鰭前方、後側有一泄殖孔、軀幹兩側各有一條由鱗片上的穿孔排列而成的側線。
5. 觀察尾部：具單一尾鰭。
6. 頭朝左側放置，以解剖剪刀自泄殖孔開始，向前方沿體壁的腹部正中線剪至口部，再由泄殖孔向背方脊柱剪開，隨後沿著側線下方向前剪至鰓蓋後緣，再沿鰓蓋後緣剪至下顎，去除左側體壁。
7. 觀察消化系統：口、口腔、鰓腔、食道、肝胰臟、膽囊、胃、腸、肛門。
8. 觀察循環呼吸系統：心臟、動脈球、脾臟、泳鰾、鰓蓋、鰓弧、取一鰓弧至顯微鏡下觀察鰓弓、鰓絲、鰓耙。
9. 觀察泄殖系統：腎臟、精巢/ 卵巢。

實驗附圖

● 圖一：盲鰻

● 圖二：鯨鯊

● 圖三：燕魟

● 圖四：銀鮫

● 圖五：硬骨魚（1.側線，2.眼，3.口，4.鰓蓋，5.胸鰭，6.背鰭，7.尾鰭，8.臀鰭，9.腹鰭）

● 圖六：魚解剖（1.脊柱，2.泳鰾，3.頭腎，4.鰓弧，5.胃，6.心臟，7.卵巢，8.脂肪，9.脾臟，10.腸，11.肝胰臟）

● 圖七：山椒魚

● 圖八：蟾蜍

● 圖九：食蛇龜

● 圖十：蜥蜴

● 圖十一　青竹絲

● 圖十二　鱷

● 圖十三　鳥

● 圖十四　鳥羽

● 圖十五　無尾熊

● 圖十六　赤腹松鼠

● 圖十七　蝙蝠

● 圖十八　穿山甲

● 圖十九　犬

● 圖二十　豬

● 圖二十一　海豚

● 圖二十二　獼猴

實驗習題

❶ 試繪出吳郭魚外型，並指出各外部構造與內部器官。

❷ 試比較本實驗材料中各生物鱗片/羽毛之異同。

❸ 試論四足動物四肢的演化。

實驗 EXPERIMENT

05 脊椎動物早期胚胎發育觀察

認識陸生脊椎動物早期胚胎發育過程的重要階段。

實驗原理

脊椎動物的胚胎發育形式主要可分為兩大類，一為整個胚胎發育都在水中進行，如魚類、兩棲類；另一種則是完全脫離水域的陸棲動物，如鳥類、爬蟲類、哺乳類。胚胎發育（embryogenesis）從受精後的單一細胞--受精卵（zygote）開始，受精卵因其卵黃分布不均的特性，分為較靠近卵黃的植物極（vegetative pole）與原生質較多的動物極（animal pole），影響卵裂的速度並決定日後體軸的方向。經過一連串卵裂（cleavage）後先形成 16 到 64 個細胞的桑椹胚（morula），接著動物極的分裂速度快於植物極，因此細胞團中央逐漸出現一個囊胚腔而形成囊胚（blastula），此後細胞分裂速度加快進入原腸胚時期（gastula），最明顯變化為原腸腔的出現與三種內胚層的形成，包括外胚層、中胚層、內胚層，最後進行器官形成（organogensis），分別由這三種胚層細胞各自分化形成各種組織、器官，並逐漸成長為一完整胚胎。對於陸棲動物而言，除上述變化外，並有四種不參與胚體組成的胚外膜產生，助其完全離水生活，包括絨毛膜（chorion）、羊膜（amnion）、卵黃囊（yolk sac）及尿囊（allantois）等，這些胚外膜形成對於動物如何從水中適應到陸地生活的演化過程，扮演非常重要的角色。

實驗材料

新鮮樣本：雞胚胎（分別屬於 8 個發育時期）

光學顯微鏡、油鏡油、拭鏡紙、解剖顯微鏡、手術用小剪刀、注射針筒（26G 1 支、18G 1 支）、黑色染劑（Indian Ink）

實驗步驟

1. 在雞蛋表面貼上膠帶。
2. 用 18G 注射針筒抽取 4 毫升蛋白。
3. 用剪刀將蛋殼剪開 1.5 cm X 1.5 cm 之開口。
4. 在解剖顯微鏡下觀察不同時期胚胎發育的型態。
5. 對於 stage 14 以前的胚胎，用 26G 注射針筒在蛋黃注射黑色染劑，以利觀察。
6. 觀察之胚胎發育階段：Stage 7、10、12、14、16、19、21 及 25。以下就各階段發育重點說明之（自 Stage 7 到 stage 14 主要由體節數目來判斷胚胎發育時期）。

   Stage 3 （12~13 hrs）：**原條**（primitive streak）生長至**中央透明區**（area pellucide）。

   Stage 4 （18~19 hrs）：此時期原條最長、可分辨**原溝**（primitive groove）及**原結**（Hensen's node）、透明區為「梨型」。

   Stage 5 （19~22 hrs）：原條前方可見新形成的脊索、頭褶（head fold）尚未形成。

   Stage 6 （23~25 hrs）：可看到已形成的**頭褶**、但**體節**（somites）尚未形成。

   Stage 7 （23~26 hrs）：第一節**體節**形成、且**神經褶**（neural fold）出現。

   Stage 8 （26~29 hrs）：四節體節，神經褶開始融合、在胚胎兩側可見新形成的**血液島**（blood island）。

Stage 9 （29~33 hrs）：七節體節，**眼胚囊**（optic vesicles）出現、心肌開始發育成管狀。

Stage 10 （33~38 hrs）：十節體節，腦部的三個腦室形成。

Stage 11 （40~45 hrs）：十三節體節，在後腦可見五個**神經原節**（neuromeres）、**心臟**偏向右側。

Stage 12 （45~49 hrs）：十六節體節，**端腦**（telencephalon）形成、心臟呈 S 型、**羊膜**（amnion）開始包覆胚胎。

Stage 13 （48~52 hrs）：十九節體節，頭部轉為面向右側、羊膜包覆至後腦。

Stage 14 （50~53 hrs）：二十二節體節，第一第二對**鰓弓**（branchial arches）出現、眼胚囊內縮形成杯狀，**晶狀板**（lens placodes）出現。

Stage 15 （50~55 hrs）：第三第四對鰓弓出現、**視杯**（optic cups）形成。

Stage 16 （51~56 hrs）：**翅芽**出現、**尾部**形成。

Stage 17 （52~64 hrs）：**腳芽**出現、**鼻窩**（nasal pits）開始形成、尿囊（allantois）尚未形成。

Stage 18 （3 days）：腳芽較翅芽略長；羊膜包覆了整個胚胎；後腦與身體成 90 度。

Stage 19 （3~3.5 days）：**上顎**與**下顎**出現、尿囊形成，但仍為不透明之小突起、眼睛尚未有色素。.

Stage 20 （3~3.5 days）：前額與身體成 90 度、**尿囊**漲大為透明小球狀，約等同中腦大小、眼睛色素開始出現。

Stage 21 （3.5 days）：腳芽與翅芽發育成具有前後不對稱的結構、上顎比下顎長、上顎延伸至眼睛中央、**眼睛**色素明顯。

Stage 25 （4.5 ~ 5 days）：**肘**與**膝關節**明顯、**掌部**及**足部**外形出現、**指間的凹陷**開始出現。

實驗附圖

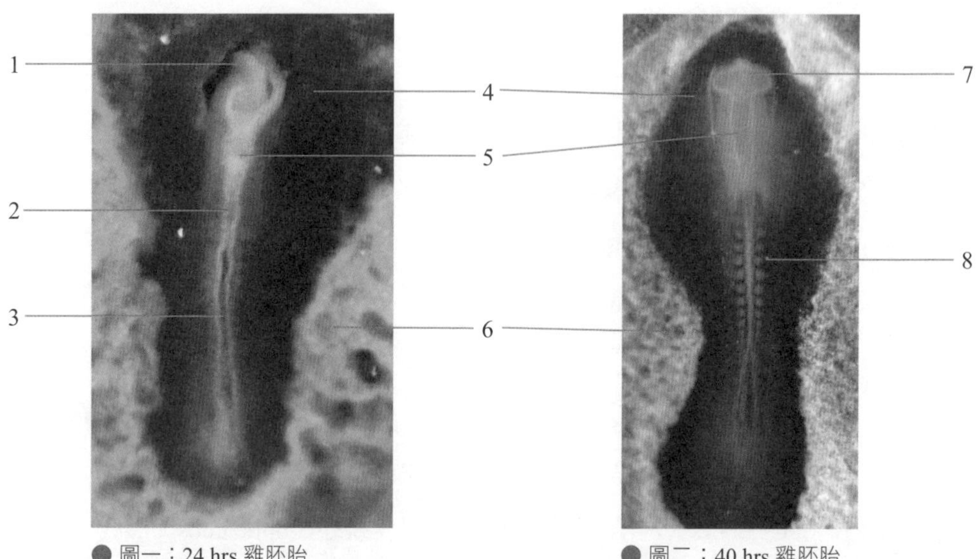

● 圖一：24 hrs 雞胚胎　● 圖二：40 hrs 雞胚胎

（1. 頭褶，2. 原條，3. 原溝，4. 中央透明區，5.脊索，6. 暗區，7.腦室，8.體節）

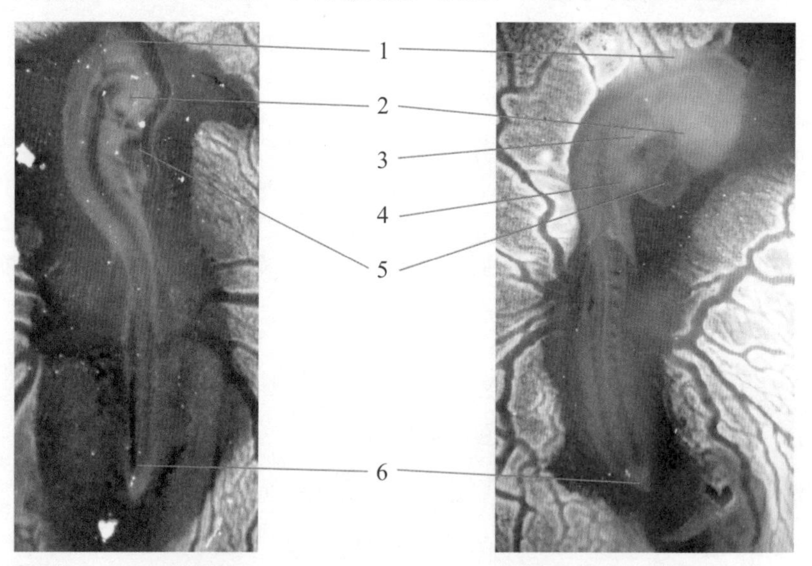

● 圖三：50 hrs 雞胚胎　● 圖四：60 hrs 雞胚胎

（1. 羊膜，2. 視杯，3. 鰓弓，4.翅芽，5. 心臟，6.尾部）

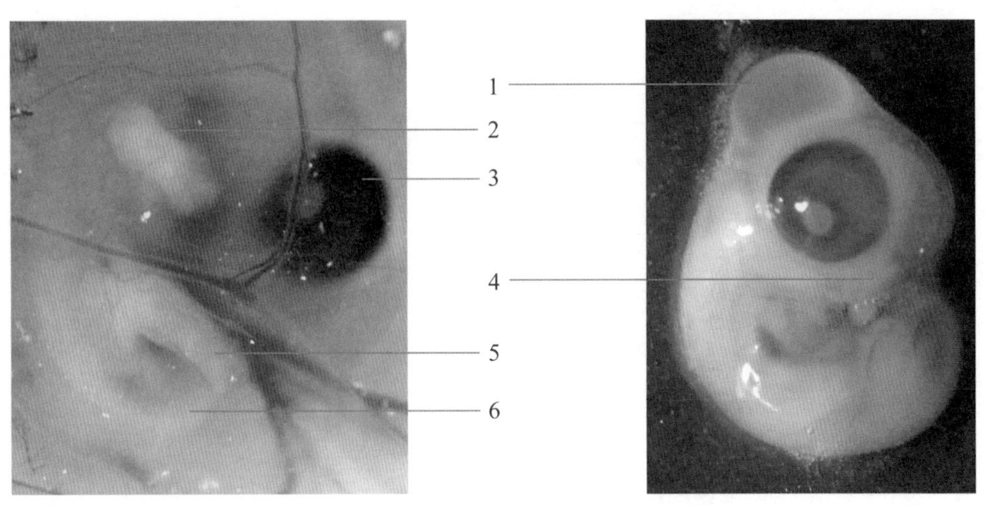

● 圖五：4 days 雞胚胎（1.腦室，2. 翅芽，3.眼，4.喙，5. 腳芽，6.尾部）

NOTE

實驗習題

❶ 試繪雞胚胎發育重要階段及特徵。

實驗 EXPERIMENT

06 老鼠的外部形態及內部構造

老鼠為廣泛應用的實驗動物，藉由老鼠解剖能了解脊椎動物哺乳類囓齒目之外部形態與內部構造特徵。

老鼠外部型態與內部構造

外部型態（圖一）：

1. **毛色與皮膚顏色：**鼠毛為白色，皮膚呈現白色（如掌與尾巴）至紫色（如將腹部毛撥開後的皮膚）。口鼻部周圍、掌的背側與尾巴較少毛覆蓋；眼眶、外耳（auricle）與掌的腹側目視無毛。
2. **眼睛顏色、鬚（vibrissae）、齒式：**眼睛為暗紅色。鬚甚長，其最大展開長度（兩側）幾乎與身體同寬。上下顎各有一對終生生長的門齒，無側門齒及犬齒，臼齒發達。
3. **性別分辨：**公鼠之生殖孔（preputial orifice）與肛門（anus）間距較母鼠（母鼠生殖孔則稱 vulva）長。而雄性成鼠則有明顯的陰囊（scrotum），很容易與雌鼠區別。母鼠皮膚上可見較明顯的乳頭。
4. **四肢的趾：**小鼠前後肢均有趾：前肢可見顯著的四趾，第五趾則不明顯；後肢有明顯的五趾；趾的前端均有爪。前後肢都可見增厚的掌墊。

內部構造：

老鼠的體腔分為胸腔與腹腔，兩者之間以橫隔膜（diaphragm）為界。

1. **胸腔**（圖二）：

心臟（heart）：圓錐狀的心臟位於圍心腔；暗紅近黑色區域是心房、深紅色區域是心室。

肺（lung）：心臟兩旁為粉紅色的肺臟，呈海綿狀，緊貼肋骨，左肺 1 葉，右肺 4 葉。

2. **腹腔**（圖二、三、四、五）：

肝（liver）：腹腔前上方為暗紅色的肝臟；四葉，分成一個大的中央葉，左葉和右葉，和左尾葉。

膽囊（gall bladder）：右肝內側有一黃綠色圓形膽囊（大鼠無膽囊），膽管直接與十二指腸相通。

胃（stomach）：肝臟的後方為袋型的胃，胃上接肌肉質的食道，下接小腸、盲腸與大腸；分成非腺體部（forestomach）及腺體部（glandular stomach）。

食道（esophagus）：缺乏在其它動物品種常見之黏液分泌腺體；成鱗狀扁平上皮。

腸（intestine）：腸由腸繫膜連結盤繞在腹腔中，盲腸（cecum）呈綠色，粗短的大腸內可見橄欖型糞便

胰臟（pancreas）：胃的後方為長形深紅色的脾臟與淺紅色的胰臟，不是一個分離性的腺體，但鬆弛的分葉散佈於腸繫膜間，使得胰臟很難發現。

脾（spleen）：雄小鼠之脾臟可比雌性小鼠大一半 50%。附屬的脾組織常潛藏在胰臟中。骨髓外造血則是規則地在脾臟的紅髓和肝臟中發現。

腎臟（kidney）：在腸的後方脊柱兩側為一對蠶豆狀腎臟，下方各接有輸尿管通往囊狀的膀胱（bladder）。

3. **生殖系統**（圖四、五）：

雌性生殖系統：卵巢（ovary）為一對的長圓形小體，呈黃白色，位於腎臟後方，卵巢繫膜用來支持卵巢，輸卵管（oviduct）圍繞卵巢的邊緣，呈漏斗狀，其下接子宮，兩側子宮結合成「V」字形合稱子宮角（uterine horn）通往陰道

(vagina)。

雄性生殖系統：將雄鼠腹腔的兩塊脂肪拉出，可見到一對睪丸(testis)，位於膀胱兩邊，只在生殖期間下降至陰囊中；副睪(epididymis)是睪丸前端一團增厚的部位；副睪後端是輸精管(vas deferens)細而不易見，連結到膀胱後端；膀胱基部可見攝護腺(prostate glands)與壺腹腺(ampula gland)，呈白色或黃色，開口於尿道(urethra)；攝護腺旁則有兩個角狀的儲精囊(seminal vesicles)，儲精囊腹側為凝固腺(coagulating gland)；攝護腺後方有一對黃白色的長圓形腺體為尿道球腺(bulbourethral gland)，陰莖為外生殖器，兩側具包皮腺(preputial gland)，內含海綿體。

4. **中樞神經系統**(圖六)：

背面所觀察到的腦，前端突起、顏色偏白的構造是嗅球(olfactory blub)；兩側所佔面積最大的粉紅色區塊是左右大腦半球，中間略可見一道大腦縱裂(longitudinal cerebral fissure)將兩者分開；後端則是小腦(cerebellum)。從腹側所觀察到的腦，前方同樣可見突起的嗅球；在腦腹側中央的橢圓區塊是下視丘(hypothalamus)，其前方牽出的白色線狀構造是視神經(optic nerve)，視神經與下視丘間有一段不分離的區域稱為視叉(optic chiasma)；後方的白色構造則是延髓(medulla oblongata)。

實驗材料

小鼠(mouse)
麻醉劑：二氧化碳鋼瓶、解剖盤、解剖工具(直尖頭手術剪大小各一、小骨剪、平滑頭鑷子大小各一、解剖針、大頭針數支)、紙巾

實驗步驟

1. 由熟悉操作方式的助教或專業人員進行老鼠頸椎脫臼致死，或將老鼠置於密閉容器，以每分鐘低於百分之三十的二氧化碳增添率讓老鼠喪失意識後死亡。

2. 先觀察小鼠的外觀型態後，將老鼠放於解剖盤上腹面朝上，用大頭針將四肢展開固定。
3. 將老鼠仰躺置於解剖盤上，用鑷子將鼠的腹部皮膚提起來，以剪刀自腹中央線剪開皮膚及肌肉，向前剪到前肢之間，向後剪到生殖器前方附近，再向兩側橫剪開，形成「工」字型。
4. 用大頭針固定剪開的肌肉在解剖盤上，接著觀察腹腔內部器官。記錄各器官形態與相對位置後可將內臟繫膜輕輕劃開，觀察各臟器之連接狀況。
5. 將肝臟稍微撥開可見橫隔膜，由劍突軟骨將肋骨沿胸骨邊緣剪開，觀察胸腔內部器官。
6. 將消化道取出，觀察生殖器官。
7. 用鑷子將頭部皮膚提起，用剪刀由頸部至吻端剪開後，剝除頭部皮膚，以大頭針將皮膚固定於四個角落，再以小骨剪沿正中、左側、右側三個方向剪開、移除頭蓋骨，以解剖針輔助取出腦並觀察之。

實驗附圖

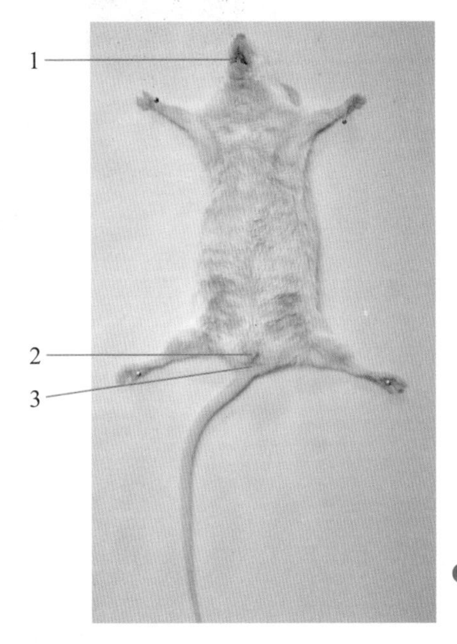

● 圖一：老鼠外部型態（1.門齒，2.生殖孔（此圖為母鼠），3.肛門）

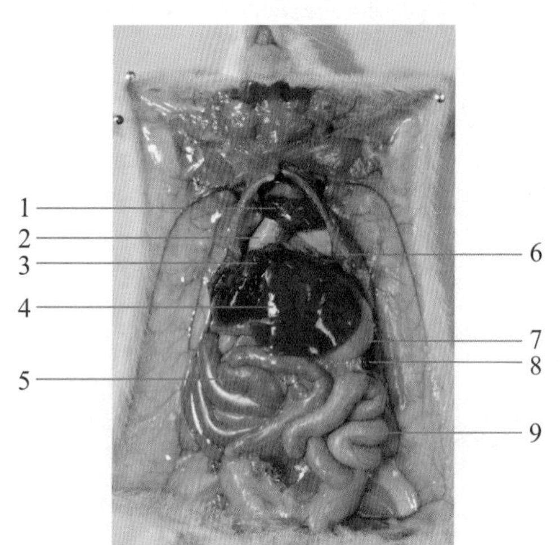

● 圖二：老鼠胸腔與腹腔內部器官（1.心臟，2.肺臟，3.膽囊，4.肝臟，5.小腸，6.橫膈膜，7.胃，8.脾臟，9.大腸）

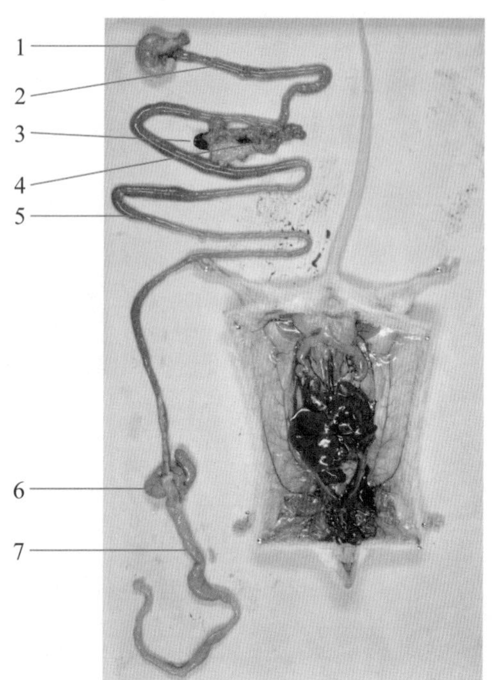

● 圖三：老鼠消化系統（1.胃，2.十二指腸，3.脾臟，4.胰臟，5.小腸，6.盲腸，7.大腸）

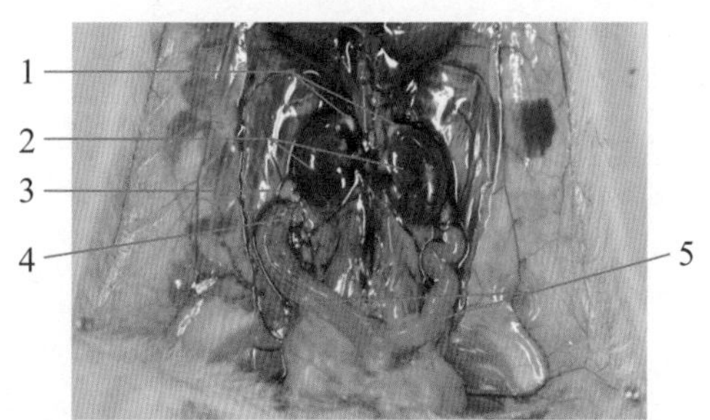

● 圖四：老鼠雌性生殖器官（1.腎上腺，2.腎臟，3.卵巢，4.輸卵管，5.子宮角）

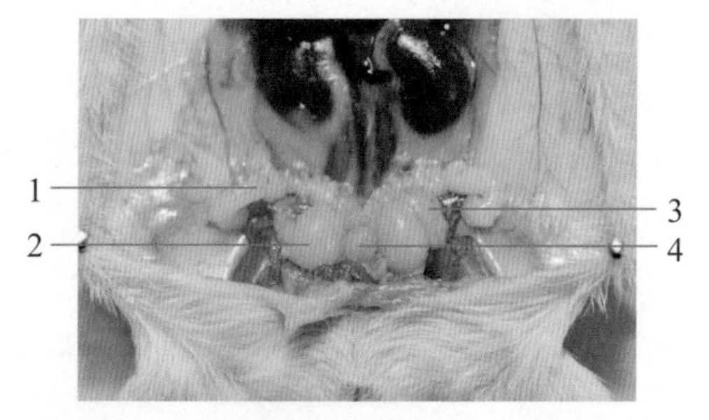

● 圖五：老鼠雄性生殖器官（1.儲精囊，2.睪丸，3.副睪，4.膀胱）

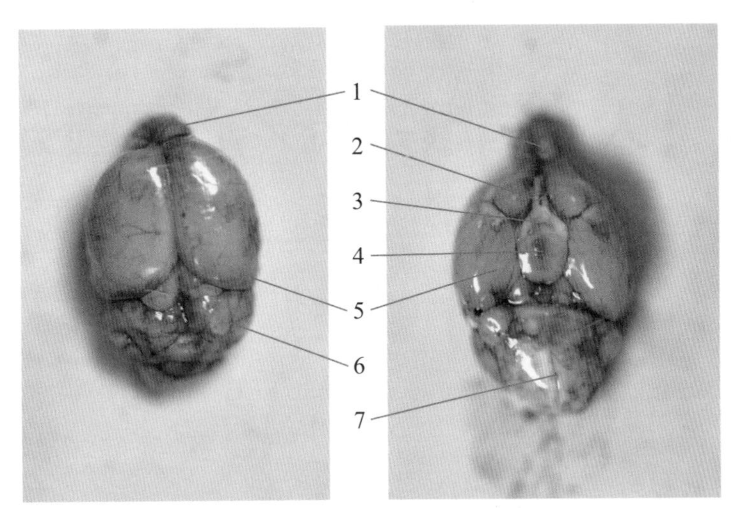

● 圖六：老鼠中樞神經系統（左：背側；右：腹側；1.嗅球，2.視神經，3.視叉，4.下視丘，5.大腦半球，6.小腦，7.延髓）

NOTE

實驗習題

1. 觀察老鼠之消化系統、呼吸循環系統、生殖系統、排泄系統與中央神經系統並繪圖之。
2. 搜尋資料比較老鼠與其他不同食性之嚙齒目及哺乳動物之構造差異。

※注意事項：

本實驗之實驗動物受動物保護法規範，請務必遵循。並強烈建議使用其他實驗人道犧牲但仍足供解剖觀察的老鼠，以減少實驗動物之犧牲。相關內容請參考農委會動物保護資訊網/實驗動物（https：//animal.coa.gov.tw/html/index_04_1.html）

實驗 EXPERIMENT

07 人體循環系統／心電圖分析與呼吸作用

學習記錄及分析心電圖（electrocardiogram; ECG 或 EKG），比對指尖血流脈搏與心電圖之關係，藉以瞭解人類循環系統。並觀察平靜呼吸、過度換氣與閉氣等不同呼吸型態與心跳間的關係。

實驗原理

一、心臟與循環系統

心臟可視為兩個分開的幫浦：右心將血液送到肺臟，而左心將血液送至周邊器官。圖一是人體心臟和循環系統的簡圖，自身體回流的缺氧血由右心房進入心臟，接著從右心室經肺動脈打到肺臟進行氣體交換，從肺臟回流的充氧血由左心房進心臟，再由左心室打到身體各部位，是故心室是將血液推入肺循環（pulmonary circuit）或體循環（systemic circuit）的主要動力來源。

1. **心臟的結構與心動週期**（圖二）

(1) 瓣膜：心臟分成兩心房與兩心室，左右相隔不互通，心房與心室其間有房室瓣（atrioventricular valve）可使血流維持單一的方向，防止搏出的血液逆流回到心房，位於左心房與左心室間為二尖瓣（mitral valve）、右心房與心室間為三尖瓣（tricuspid valve），位於心室和主、肺動脈間的半月瓣（semilunar valve）則防止搏出的血液回流到心室。

(2) 心音：瓣膜關閉時的震動會產生聽得見的心音，兩個心室收縮時，二尖瓣和三尖瓣關閉，此為第一次心音（心縮音），聲音較低長而響亮，心室收縮的最後階段兩個半月瓣關閉，心室舒張開始，此為第二次心音，聲音較高而短（心舒音）。

(3) 心動週期（cardiac cycle）：是連續性的心房心室交替收縮舒張，包括心舒期（diastole）和心縮期（systole）。心舒期，心房和心室放鬆，房室瓣開放。從身體返回心臟的缺氧血液經由上腔靜脈和下腔靜脈流向右心房，肺靜脈的充氧血液則回到左心房並通過開啟的房室瓣充填左右心室。來自竇房結（sinoatrial node; SA node）的自發性神經衝動訊號傳導至房室結（atrioventricular node; AV node），發送觸發兩個心房收縮的信號，將心房血液清空到心室，準備收縮。心縮期，心室從浦金氏纖維（Purkinje fibers）接收脈衝，引發收縮，此時房室瓣關閉，半月瓣（肺動脈瓣和主動脈瓣）打開，將來自右心室的缺氧血液被泵送到肺動脈進行肺循環，同時左心室中的含氧血液被泵送到主動脈進行體循環。接著半月瓣關閉可防止血液分別流入左右心室。之後心室因為負壓的關係，再度讓肺靜脈的充氧血液與上下腔靜脈的缺氧血各自被動流回左心房與右心房，進入心舒期。

2. 心臟之興奮與傳導系統

心臟收縮並不是依賴神經的支配，而由竇房結的心肌細胞產生節律性衝動，造成心臟的節律性收縮，圖二表示控制心臟收縮的特殊興奮與傳導系統。

(1) 竇房結：是心臟最主要的節律點（pacemaker），位於右心房上部，可產生正常節律性的衝動，並經節間路徑（internodal pathway）將衝動傳至房室結。

(2) 房室結：使來自心房的衝動稍作延遲，才傳導到心室。

(3) 房室束/希氏束（AV bundle / bundle of His）：將衝動由其左右束分枝傳至心室。

(4) 浦金氏纖維：將衝動傳導到心室各部位而使心室收縮。

在心動週期中，機械性的反應在電位改變之後發生。機械性反應包括心室的收縮與舒張，從心電圖（Electrocardiogram、EKG）（圖三）來看，心房收縮發生在 P 波（心房去極化）之後，而心室收縮在 QRS 波（心室去極化與心房再極化）

之後，T 波為心室的再極化，稍後即導致心室舒張。心動週期有三個重要的階段：PR 間隔、QRS 期間 以及 QT 間隔。PR 間期指的是心房去極化發生到心室去極化發生這一段時間，長短決定於房室竇的傳導時間，此時間延遲使得心室在收縮之前有足夠的時間讓心房將血打進心室中。QRS 期間是指心室去極化所花的時間，若心室肥大將使此階段延長。QT interval 是指心室去極化開始到再極化結束的這段時間。

3. 心電圖之記錄方法

一般臨床常用十二個誘導來記錄心電圖：

(1) 雙極肢誘導：Lead I、II、III（圖四）：雙極的誘導是記錄左手（LA）、右手（RA）和左腳（LL）各電極之間的電位差。

(2) 單極肢誘導：aVR、aVL、aVF 稱為強化肢導，是以心臟電場（electrical field）中心為零電位，而記錄各肢體之電位差。

(3) 單極胸誘導：V1、V2、V3、V4、V5、V6 以水平面距離來記錄心臟的電位差。

綜合以上介紹可知，心肌纖維產生節律性衝動，隨後造成心臟的節律性收縮，心室機械性的收縮造成高壓而將血液由動脈送至周邊，當血液流入動脈，動脈會被撐開同時血壓持續升高，血壓增加的最高點稱為收縮壓（systolic pressure）；當心室舒張時，回心血會再度灌注心臟以準備下次收縮，同時動脈血經由微血管流往靜脈，於是動脈壓下降，在下次心室收縮前一刻血壓會降到最低點，此時的血壓稱為舒張壓（diastolic pressure）。雖然主動脈的彈性平緩了心週期的血壓的變化，在小動脈裡的血流仍呈現搏動現象，因此在周邊動脈可藉由觸診而感受到節律性之血流脈搏（pulse），血流脈搏可利用手指脈搏轉換器（finger pulse transducer）測得。

二、呼吸作用

呼吸的主要功能在供應組織氧氣以進行代謝活動，並將代謝產出的二氧化碳排除至大氣中（圖五）。吸氣動作是橫膈肌與外肋間肌等吸氣肌產生收縮，使胸腔體積變大，以引導氣流進入肺部和血液進行氣體交換，讓缺氧血變充氧血後，經由血液循環送往組織間進行交換。而呼氣動作是吸氣肌舒張及肺因彈性而回縮，使胸腔體積變小而將肺部氣擠壓至大氣的被動行為。在比較用力吸氣時，其他附屬吸氣肌，如胸鎖乳突肌及頸斜角肌會加入收縮以吸入更多氣體，用力呼氣則須腹部肌肉及內肋間肌參與。在實驗中可使用"呼吸帶轉換器（respiratory belt transducer）"綁在腹部以記錄呼吸的動作。

實驗材料

數位分析主機（PowerLab）及電腦設備
三個拋棄式的貼紙電極、三條導線（patient cable）、手指脈搏轉換器、呼吸帶轉換器

實驗步驟

1. 受試者必須先將手錶及首飾等物品暫時取下。
2. 將手指脈搏動轉換器的 BNC 接頭接於 PowerLab 之 channel 1 旋緊。
3. 將壓力感測墊以尼龍氈綁在中指尖端，不可太緊或太鬆。
4. 將 patient cable 接於 Bio Amp 插座。
5. 三條導線的一端分別接在 Patient cable 上的 CH1 positive、CH1 negative 與 earth，另一端接上拋棄式電極。
6. Positive 電極貼在左手腕，negative 接在右手腕，earth 接在左腳踝內側。
7. 將呼吸帶轉換器綁在受試者腹部（靠近橫膈），稍微綁緊，但不可過度，以免不舒服，轉換器位置朝前。
8. 將呼吸帶轉換器的 BNC 接頭接於 PowerLab 之 CH2 並旋緊。
9. 請受試者放鬆不可亂動。
10. 按 Start，開始記錄三分鐘平靜時之呼吸、脈搏壓、心電圖三種訊號，換算呼吸及心跳頻率並比較三者之關係（按 comment bar 輸入註解 "resting"）。

11. 請受試者快速深呼吸 30 秒，持續記錄二至三分鐘過度換氣後各測量值之變化（按 comment bar 輸入註解“hyperventilation”）。
12. 待恢復正常呼吸動作後，加入註解“breath-hold”，請受試者深一口氣後開始閉氣，持續記錄至受試者受不了開始呼吸後，再記錄二分鐘。
13. 按 Stop 停止記錄。

實驗附圖

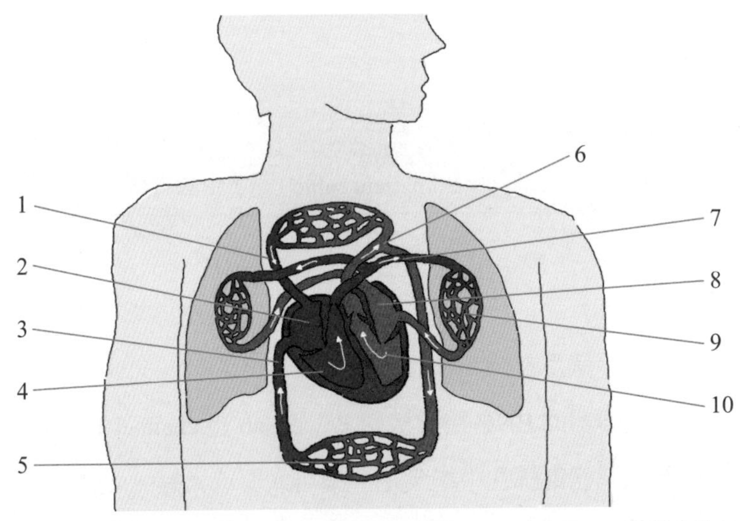

● 圖一：人體循環系統（1.上大靜脈，2.右心房，3.下大靜脈，4.右心室，5.體循環的氣體交換：O_2 離開血液，CO_2 進入血液，6.主動脈，7.肺動脈，8.左心房，9. 肺循環的氣體交換：CO_2 離開血液，O_2 進入血液，10.左心室）

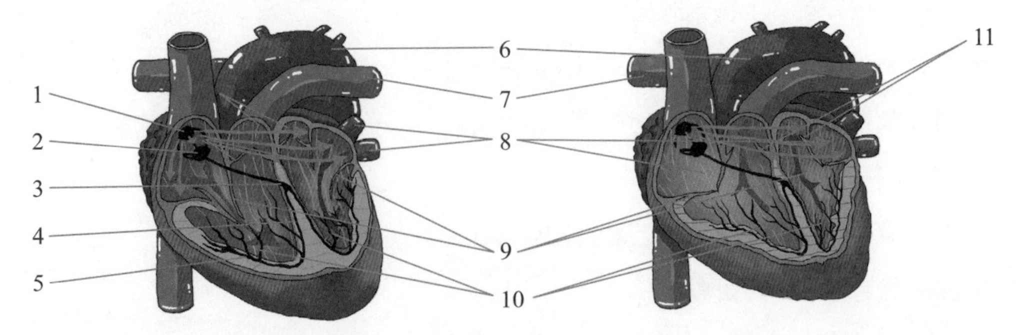

● 圖二：心臟結構圖與收縮傳導系統。左：舒張，右：收縮（1.竇房結，2.房室結，3.房室束/希氏束，4.左右分束，5.浦金氏束，6.主動脈，7.肺動脈，8.肺靜脈，9.房室瓣，10.左右心室，11.半月瓣）

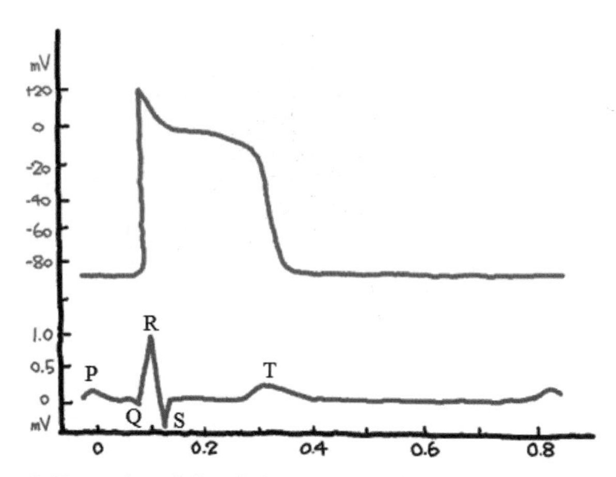

● 圖三：心肌動作電位與心電圖之對應關係

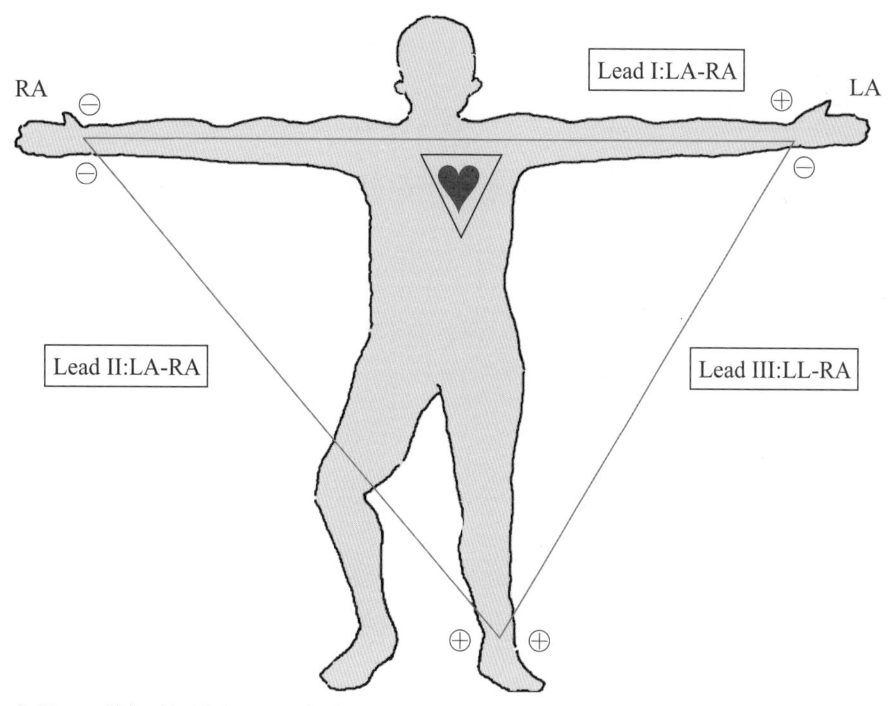

● 圖四：雙極肢誘導與恩氏三角（Einthoven's triangle）的關係。

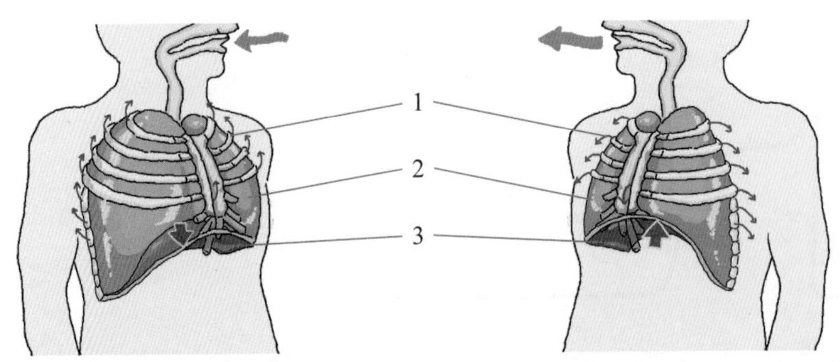

● 圖五：呼吸運動時呼吸肌與胸腔體積之關係，左：吸氣，右：呼氣（1.肋骨，2.肺，3.橫膈肌）

NOTE

實驗習題

❶ 比較平靜呼吸、過度換氣與閉氣等不同呼吸型態對呼吸與心跳頻率、脈搏壓、心電圖的影響並討論之。

實驗 EXPERIMENT

08 感覺生理

本實驗在使學生了解自身的各種感覺功能。

實驗原理

感覺生理學（sensory physiology）是研究生物如何將物理事件經由神經傳導轉換為感覺經驗的過程。主要可分為三大部分：(1) 感覺器官中的感受器（receptor）接收體內、外的刺激。如眼睛中的視覺細胞與舌上的味蕾。(2) 神經傳導，負責將訊息傳向神經中樞，如大腦。(3) 大腦皮下和皮層中樞，負責接受訊息並加以分析、解釋，產生相應的感覺。

人的感覺器官、感受器是經由細胞分化和特化形成的，有不同的形態構造，並執行著各自的功能。各種感受器都有自己相應的特定刺激物，只對這些刺激物有最大的感受能力（如眼接受可見光波，耳接受可聽聲波），而後產生清晰、有意義的感覺。傳統上感覺分成五種：視覺、聽覺、味覺、嗅覺、觸覺，現在感覺的涵蓋範圍更廣，應該還要加上溫度覺、痛覺、震動覺及本體感覺等，事實上感覺是很複雜的作用，可獨立運行亦需要統合操作。本實驗中利用一些日常生活用品及設備，藉以了解簡單的感覺生理現象。

實驗材料

蘋果、馬鈴薯、洋蔥、糖、鹽、檸檬汁、熱水、常溫水、冰水
白紙、黑色簽字筆、轉椅、128 Hz 音叉、512 Hz 音叉、棉花棒、迴紋針、尺、3 個水盆、愛的小手

實驗步驟

練習一：視覺-焦距調整與凝視

說明：左右眼分別看到的影像需焦距一致，且經過融合後形成完整具立體感的雙眼視覺（binocular vision），否則會有兩個影像出現。

操作步驟：

1. 伸出食指，讓眼睛、食指和遠方牆上的一個記號成一直線，當焦距落在食指上時，可以感覺牆上的記號變成兩個影像。
2. 遮住單眼時，兩個影像只剩一個，且距離感消失。
3. 當焦距落在牆上的記號時，食指影像則變成兩個。
4. 請受試者先注視遠方，然後突然注視距眼前 15 公分處的近物，觀察眼球向內轉動，改變眼球焦距的動作。

練習二：視覺-盲點

說明：人類視網膜上的視盤（optic disc）區域為神經纖維進出的地方，因此沒有光接受器分布，不能感應到光線，故稱為盲點，在兩眼的視野中各有一個盲點。

操作步驟：

1. 取一隻黑色簽字筆，用白紙包住筆筒，只露出黑色的筆尖。
2. 在白紙上劃一個小「X」，紙片擺在左眼前 25 公分處，以右眼注視，頭部保持不動。
3. 紙片不動，將筆尖放在「X」記號處然後水平往右移動，右眼仍持續注視「X」記號，移動一段距離後筆尖會消失，在紙片上做一記號標出此點，此處即為盲點。
4. 繼續移動筆尖，標出視野上下左右盲點的位置。

整個盲點外形大致上呈橢圓形，邊緣不太規律，這是因為有一些血管經由視盤進入眼睛的緣故。此外，盲點的位置看起來不會是一個洞，而是與白紙相同的背景，此為大腦的補償機制。

練習三：視覺-眼球震顫

說明：眼球震顫（nystagmus）是一種眼球的節奏性振盪，當物體如跑馬燈在眼前移動，眼睛對運動體進行視覺固定時會跟隨它直至移出視野，再快速移到另一個物體並跟隨它，這種眼球運動即稱為眼球震顫，受到內耳半規管中流體運動控制。若眼注視異常，或方向定位的神經機制缺陷則會引起不自主眼球震顫的症狀。

操作步驟：

1. 請受試者做在轉椅上，雙腳抬起，頭向前彎約 30 度，旋轉椅子 10 次，每旋轉一次約 2 秒鐘。
2. 停下椅子，觀察受試者的眼球運動，注意移動方向與旋轉方向的關係。

練習四：聽覺-韋伯氏試驗（Weber test）與任內氏測驗（Rinne test）

說明：音叉測驗是一種聽力檢查，其藉由音叉在骨頭振動以及空氣傳導的差異來測知聽力障礙。韋伯氏試驗：將振動中的音叉置於受測者的額頭或頭頂，正常者兩耳應感受到一樣大的聲音，聽的較大聲的一耳可能為傳音性聽力障礙，因為骨傳導路徑未受環境噪音干擾，或是聽的較小聲的一耳為感音性聽障，因為感覺神經受損之故。任內氏試驗：比較空氣傳導和骨傳導的時間差距，若骨傳導的時間超過空氣傳導，則表示可能有傳音性聽障。

操作步驟：

1. 以安全工具敲響音叉，將音叉放置受試者額頭，辨別兩耳聽到聲音是否相同。
2. 用手蓋住一耳模擬傳音性聽障，感受兩耳聲音的差異。
3. 將振動中的音叉置於耳後骨突，待聽不到骨傳導的聲音後，再將音叉移到耳旁直至聽不到空氣傳導聲，並比較兩種傳導時間的差異。

練習五：嗅覺和味覺

操作步驟：

1. 準備已切好大小相同的蘋果、馬鈴薯和洋蔥

2. 請受試者閉上雙眼，鼻子捏住不可以聞。
3. 分別拿一塊蘋果、馬鈴薯和洋蔥放在嘴裡，詢問受試者是否能辨認。
4. 重複步驟 3，同時不捏住鼻子，可以聞氣味，但眼睛仍然不張開，測試辨識力有無改變。

練習六：味覺-味蕾分布

說明：味蕾主要分布在舌頭，一小部分在咽喉，有四種不同的味蕾分別品嚐甜、苦、酸、鹹四種味道，每種味蕾有其分佈的區域。

操作步驟：

1. 先準備三杯溶液：糖（15 克/50 毫升水）、鹽（5 克/50 毫升水）、檸檬汁（2 克/50 毫升水）。
2. 拿棉花棒沾糖水，將多餘的液體擠掉，以棉花棒探試舌頭，詢問受試者對甜度的感覺，每做一點就換一根棉花棒，結果可以發現舌尖對甜味最敏感。
3. 重複步驟 2 改沾鹽水測試，測試舌頭對鹹味最敏感的區域。
4. 重複步驟 2 改沾檸檬水測試，測試舌頭對酸味最敏感的區域。

練習七：觸覺-兩點辨認

說明：用來測定不同部位觸覺接受器的密度。

操作步驟：

1. 取一支迴紋針扳開，彎成一 U 字型，兩端距離 10 公釐。
2. 將迴紋針兩尖端刺激受試者手掌，感覺兩點的刺激。
3. 受試者閉上眼睛接受迴紋針的刺激，調近兩點距離後再測試，找出受試者能分辨兩點的最小距離。
4. 用尺測量兩點的距離，紀錄下來。
5. 重複以上步驟測量身體的其他部位，例如指尖、手背、前臂與上臂背腹側等區域。

練習八：溫度覺-錯覺

操作步驟：

1. 準備三個容器分別裝熱水、常溫水和冰水。
2. 左手泡在熱水中，右手泡在冰水中各 30 秒。
3. 兩手同時泡在溫水中，結果左手感覺冷、右手感覺熱。

練習九：痛覺-門控理論（gate-control theory）

說明：在感受到物理刺激時，卻沒有感到特別疼痛，這是因為內生性的止痛機制被誘發，亦稱門控理論。例如觸覺與痛覺神經進入脊髓（spinal cord）之背根（dorsal root）後，與一抑制性中介神經元形成突觸，當觸覺訊息大於痛覺訊息，此中介神經元即被興奮，從而抑制痛覺的第二神經元被激發，因此產生止痛效果。

操作步驟：

1. 請受試者雙手手掌打開分別以愛的小手用力拍打。
2. 感受到痛覺之後再搓揉雙掌，比較前後痛覺的差異。

練習十：振動覺（vibration）

說明：振動覺介於觸覺和聽覺之間，曾被歸類為觸覺，但因有獨立的感受器（巴西尼小體：Pacinian corpuscles）而被區隔，且與傳導本體感覺與精細觸覺路徑相同，屬深感覺。

操作步驟：

1. 以安全工具敲響 128 Hz 音叉。
2. 將音叉放至受試者肢體的骨隆起處如內外踝、腕關節、髖骨、鎖骨等皮膚上，感受振動的差異。
3. 將音叉放至受試者額頭與頭頂受毛髮覆蓋處，感受振動的差異。

練習十一：本體感覺（proprioception）

說明：本體感覺是大腦對於身體位置與空間之關係的感覺。本體感覺感受器位於關節囊、韌帶、肌腱、肌肉、皮膚中，可用來感測肌肉收縮與放鬆、關節彎曲與伸直、壓縮與延展、旋轉等訊息。

操作步驟：

1. 請受試者閉眼，嘗試將雙手手掌打開，於胸前合十，觀察動作是否正確流暢。
2. 請受試者閉眼，依序對指關節、腕關節、軸關節、肩關節進行活動方向指示，觀察左右兩手運動方向是否正確且對稱。

NOTE

實驗習題

❶ 試想芭蕾舞者使用什麼技巧來避免旋轉頭暈目眩？
❷ 試論如何以韋伯氏試驗與任內氏試驗來檢測感音性聽障。
❸ 試繪出舌頭對甜、鹹、酸的高敏感區。
❹ 由實驗結果推論身體觸覺感受器的密度分布。
❺ 試述慣用手與非慣用手的本體感覺之異同。

實驗 EXPERIMENT

09 動物行為觀察

觀察、描述動物的一般行為並了解行為對動物生態的意義。

實驗原理

動物行為（animal behavior）指動物在其生活史中進行的一切活動。動物行為的研究有各種角度，如研究外部或內部刺激，造成神經衝動與肌肉反應是為生理學的角度，研究動物之制約學習或比較不同生物間的行為模式，則為偏重心理學的角度，強調後天學習對行為的影響。而行為生物學（Ethology）則以演化的角度，認為行為的表現是由基因決定，可遺傳並接受天擇作用產生「適應」。

要了解一物種，行為觀察是最基本的工作，藉由其行為，可以瞭解其活動的情形，以及行為背後的生態演化意義。動物之行為可能包括了覓食、進食、移動、休息、交配、警戒、社交、打鬥等。在記錄行為觀察前，需先掌握五項訊息「5W」，包括：

"What"：行為的定義

"When"：行為何時發生

"How"：行為發生的動機（起源於生理機制或演化適應）

"Why"：行為為何發生（外在環境的刺激條件）

"Where"：行為發生的地方（空間或領域範圍）

再者，決定行為觀察的取樣方法，以得到正確有效的數據。取樣方法約分四種：

(1) 隨意取樣：在觀察期間，不限制所觀察的個體及數量，可能是記錄著一件稀少但很重要的行為事件，經常見於野外手札，這種數據無法量化分析。

(2) 焦點個體取樣：每次取樣是在特定的時間內，僅針對一個特定個體進行觀察，此個體被稱為焦點動物（focal animal），通常記錄它們所有的行為表現。

(3) 掃描採樣：在固定的時間間隔下，快速地掃描觀察（scan 或 census）一整群的個體，並記錄看到當下，每隻動物的瞬間行為。

(4) 行為取樣：觀察一群個體，針對已事先決定觀察的行為項目進行觀察，當一觀察到該行為的發生，即開始觀察記錄。

本實驗以校園鳥類為觀察對象，分別以四種取樣方式做紀錄，分析後討論之。

實驗材料

雙筒望遠鏡、攝錄影器材、筆、紀錄紙與板夾

實驗步驟

1. 選定校園內一處常有鳥類棲息的地點（例如：中興湖中島）以及欲進行觀測的鳥種（例如：小白鷺、夜鷺），各於清晨（5-6 點）、正午（12-13 點）與傍晚（5-6 點）進行 30 分鐘的鳥類行為觀察紀錄。
2. 觀測開始前，盡量靠近觀察點坐下，減少動作幅度直至鳥類行為恢復常態，必要時進行掩蔽。
3. 進行焦點個體採樣，選定一成鳥個體（盡量固定性別），連續紀錄其行為（目視或錄影），包括行為作用的對象及持續時間等，分析各行為所佔時間比例或發生頻度。
4. 進行掃描採樣，每五分鐘記錄一次中興湖中島目視範圍內小白鷺（或夜鷺）群體的行為，可利用攝影紀錄或於一分鐘內目視記錄所有的行為，分析各行為所占比例。

5. 進行隨意取樣，觀察時間內若出現非預期的行為時，另外進行描述紀錄。
6. 進行行為取樣，觀察時間內出現非同種鳥類（例如小白鷺與夜鷺）間的互動行為即開始記錄，包括行為發生之過程，參與此行為事件之個體，及行為持續的時間。

實驗附圖

● 圖一：休息

● 圖二：飛行

● 圖三：覓食

● 圖四：理羽

● 圖五：孵蛋

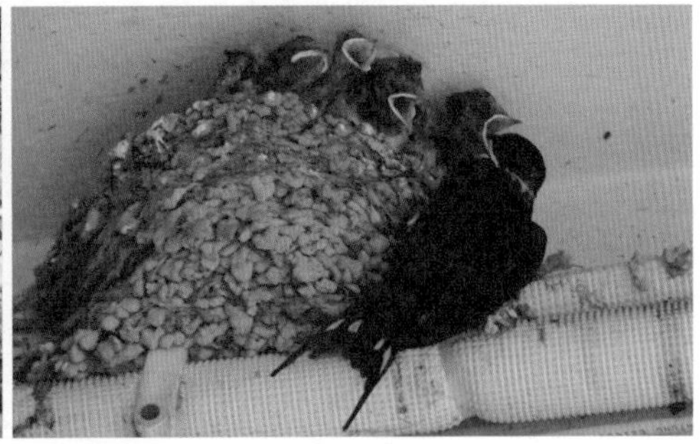
● 圖六：育幼

實驗附錄

表一　鳥類行為觀察記錄表（焦點取樣）

記錄人：＿＿＿＿＿＿＿＿

紀錄鳥種：＿＿＿＿＿＿＿＿

觀察日期時間：＿＿＿＿＿＿＿＿

行為：A：休息　B：飛行　C：覓食　D：鳴叫　E：只聞其聲

F：理羽　G：築巢　H：孵蛋　I：育幼　J：其它

行為種類（A-J）	持續時間	備註

表二　鳥類行為觀察記錄表（掃描取樣）

記錄人：＿＿＿＿＿＿＿＿

紀錄鳥種：＿＿＿＿＿＿＿＿

行為：A：休息　B：飛行　C：覓食　D：鳴叫　E：只聞其聲

F：理羽　G：築巢　H：孵蛋　I：育幼　J：其它

日期時間	A	B	C	D	E	F	G	H	I	J	備註

實驗習題

❶ 試比較焦點個體取樣與掃描取樣紀錄結果中，鳥類行為出現比率之異同並討論之。

❷ 試比較不同觀察時間（清晨、正午、傍晚）鳥類行為之差異並討論之。

❸ 試述觀察期間，其他可能影響鳥類行為之環境因子。

實驗 EXPERIMENT

10 族群結構與成長

分別以生命表與邏輯公式計算族群實質成長量與數量變化模式，了解各參數的意義並討論不同狀況對族群成長的影響。

實驗原理

族群為生活在同一時間、同一棲地、同一物種的集合，亦為演化的基本單位。欲了解某一族群在其生態系內扮演的角色，方法之一即為分析該族群之結構（例如：年齡、性別）以及其數量隨時空變化的模式。數據可完全由實際的野外調查取得，然而此過程耗時、耗人力及需要高額的研究經費，因此發展出透過實際數據驗證而得的數學模式來進行推估。本實驗利用兩種數學模式，一為以生命表（life table）來計算族群的實質增加率（intrinsic rate of increase），另一種為以邏輯生長公式（logistic growth model）來估計族群數量的時間變化模式。

實驗材料

紙、筆、計算機或電腦/手機數據分析軟體

實驗步驟

1. 以生命表來計算指數成長模式下的族群成長速率。

以下列數種生命表預設條件來計算十個世代內，每代之族群數量與成長速率，並以 x 軸為世代數、y 軸為族群數量畫出族群成長曲線。

（$dN/dt = rN$、N：族群數量、t＝世代數、r＝成長速率、Sx：存活率、bx：出生量）

條件一：低 N_0，低 Sx，低 bx			
Age	N（t=0）	Sx	bx
0-1	20	0.3	0
1-2	10	0.5	1
2-3	40	0.5	3
3-4	30	0.3	2
＞4	0	-	-

以此表計算初始族群量 Nt_0 應為 20＋10＋40＋30＋0＝100

計算範例：依此表計算下一世代的各年齡族群數量應為

條件一：低 N_0，低 Sx，低 bx			
Age	N（t=1）	Sx	bx
0-1	20	0.3	0
1-2	20×0.3+0=6	0.5	1
2-3	10×0.5+1=6	0.5	3
3-4	40×0.5+3=23	0.3	2
＞4	0	-	-

依此表計算此一世代的族群量 Nt_1 應為 20＋6＋6＋23＋0＝55

條件二：低 N_0，高 Sx，低 bx			
Age	N（t=0）	Sx	bx
0-1	20	0.8	0
1-2	10	0.9	1
2-3	40	0.8	3
3-4	30	0.5	2
＞4	0	-	-

條件三：低 N_0，低 Sx，高 bx			
Age	N（t=0）	Sx	bx
0-1	20	0.3	0
1-2	10	0.5	6
2-3	40	0.5	12
3-4	30	0.3	8
＞4	0	-	-

條件四：高 N_0，低 Sx，低 bx			
Age	N（t=0）	Sx	bx
0-1	2000	0.3	0
1-2	1000	0.5	1
2-3	4000	0.5	3
3-4	3000	0.3	2
＞4	0	-	-

條件五：高 N_0，高 Sx，低 bx			
Age	N（t=0）	Sx	bx
0-1	2000	0.8	0
1-2	1000	0.9	1
2-3	4000	0.8	3
3-4	3000	0.5	2
＞4	0	-	-

2. 計算邏輯成長模式下的族群成長速率。

以下列數種預設條件來計算到達族群最大乘載量所需的世代數，並依算出之數據畫出族群成長曲線圖。

（$dN/dt = r_{max}N(1-N/K)$、r_{max}：理想環境的族群成長率、N：族群數量、K：族群最大乘載量）

條件一：$r_{max}=0.1$, $Nt_0=100$, $K=1,000$

計算範例：$Nt_1-Nt_0=0.1\times100(1-100/1000)=9$　　$Nt_1=100+9=109$

$Nt_2-Nt_1=0.1\times109(1-109/1000)=9.71$　$Nt_2=109+9.71=118.71$

條件二：$r_{max}=0.25$, $Nt_0=100$, $K=1,000$

條件三：$r_{max}=0.5$, $Nt_0=100$, $K=1,000$

實驗附圖

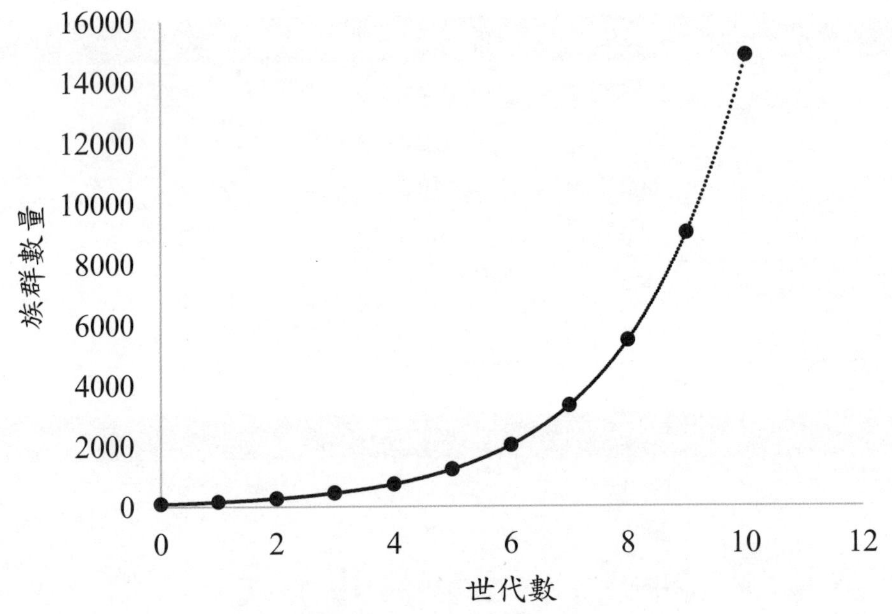

圖一：族群成長曲線圖示意圖：指數成長模式

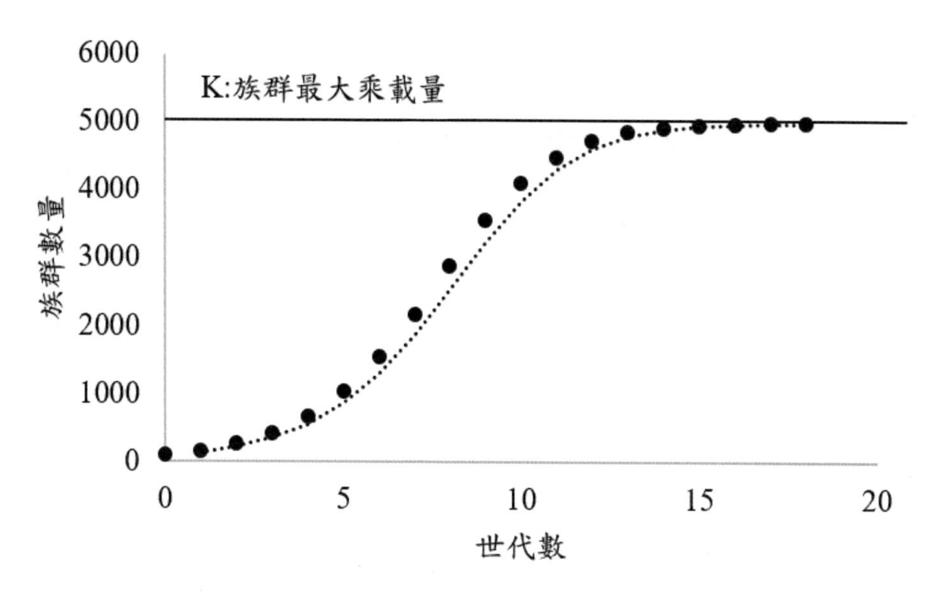

● 圖二：族群成長曲線圖示意圖：邏輯成長模式

實驗習題

❶ 試比較不同生命表預設條件下對其成長速率的影響。

❷ 邏輯成長模式下，r_{max} 數值與達到族群最大乘載量所需之世代數之關係為何？

實驗 EXPERIMENT

11 濕地生態調查方法

了解溼地生態之環境及生物調查方式，學習計算生物多樣性指標。

實驗原理

濕地生態是地球上生產力最高的生態系統之一，並具有維護生物多樣性、淨化水質、過濾污染物、增加碳吸存、保護海岸、涵養人文景觀與教育等多種功能。生態系的特性由環境因子與生物因子組成，濕地生態系環境因子包括底質粒徑，基本的水質測定包含水溫、鹽度/導電度、pH 值、溶氧量等。水生生物的基本監測則包含初級生產力、水生昆蟲、魚類等種類與生物量。而了解生態系生物群集（community）最簡單的方式就是透過生物多樣性的研究。常用的測定生物多樣性方法如下：

(A) 物種豐富度 S（species richness）

指生態系統中物種的數目，這個指數無法表示相對豐度。

(B) 總豐富度指數 D（Margalef's richness index）

$$D=\frac{(S-1)}{\ln(n)}$$

S：物種數目

n：物種總個體數

(C) 香農多樣性指數 H'（Shannon diversity index）

用以估計群集多樣性的高低，為無母數分析。當群集只有一個物種時，H' 值達最小值 0，當群集中有兩個以上的物種存在，且每個物種的族群量相等時，H' 值達最大值 $\ln S$。

$$H' = -\sum_{i=1}^{S}(pi*\ln pi)$$

pi：為第 i 物種之數量佔所有個體數的比例

(D) 均勻度指數 J（Pielou's evenness index）

利用已估計出的各棲地的物種豐富度（H'），來估計該生物群集物種分布的均勻度。

$$J = \frac{H'}{H'_{max}}$$

$$H'_{max} = \sum_{i=1}^{S}\frac{1}{S}\ln\frac{1}{S} = \ln S$$

隨著物種總數的增加，各物種個體數目越平均，生物多樣性也隨之增加。成熟穩定的生態系中，通常生物多樣性較高，而較高的生物多樣性具有適應環境變動的潛在能力，因此對生態系平衡有利。

實驗材料

智慧型手機、防水紀錄紙與紀錄版、雨鞋或涉水褲、多功能水質儀、1000 毫升採樣瓶 2 瓶、0.7 μm 玻璃纖維濾紙、微量吸管、15 毫升試管、鋁箔紙、4°C 冰箱、分光光度計、50 cm×50 cm 蘇伯氏採集網、標本瓶、蝦籠（長 37 cm，直徑 16.2 cm）、捕魚蛇籠、測量尺、吊秤、D 型網、手電筒
1%碳酸鎂溶液、90%丙酮、70%酒精、MS222

實驗步驟

1. 選定校園兩處水域（例如：中興湖與興大康堤）於同時段進行調查，利用智慧型手機記錄樣站 GPS 並估計調查水域之面積。
2. 以綜合水質儀量測水溫、鹽度/導電度、pH 值與溶氧量並紀錄之。

3. 浮游藻葉綠素 *a* 濃度：

以 1000 毫升採樣瓶，於兩樣點採取水樣，暫時放於冰桶中冷藏保存。

以 0.7 μm 的玻璃纖維濾紙輔以抽氣幫浦過濾，並加入少量飽和碳酸鎂溶液（1% 碳酸鎂溶液）防止葉綠素降解。

將含有浮游藻類的濾紙放入以鋁箔紙包住遮光的 15 毫升試管中，添加 10 毫升 90%的丙酮，搖晃數次使葉綠素 *a* 溶解，並置於 4°C 冰箱中萃取 15-17 小時。

將試管以 3,500 rpm、20°C 狀況下離心 10 分鐘。

取上清液以分光光度計測量波長 630、647、664 與 750 nm 下的吸光值，並以下列公式求得樣本之葉綠素 *a* 濃度：

$[\mathrm{Chl}\ a_{\mathrm{sample}}](\mu\mathrm{gml}^{-1})$

$= 11.85 \times (E_{664} - E_{750}) - 1.54 \times (E_{647} - E_{750}) - 0.08 \times (E_{630} - E_{750})$

4. 水生昆蟲：

使用長 50 cm 及寬 50 cm 的蘇伯氏採集網（Surber Sampler）於兩樣點進行取樣，採集到的樣本以 70%酒精浸泡保存以供鑑定及估算生物量。

5. 魚類及甲殼動物：

於兩樣點放置大型蝦籠（長 37 cm，直徑 16.2 cm），並加以固定，並於隔日取出記錄其內小型魚蝦蟹種類、數量及重量，必要時拍照記錄。紀錄完畢將生物放回，若生物死亡則以 70%酒精浸泡保存。

6. 兩生類：

日間於兩樣點各以 D 型網撈取一公尺內之蝌蚪

以 MS222（50-100 mg/l）麻醉後，紀錄種類、發育時期、體重、全長等資料，待蝌蚪復甦後放回，若蝌蚪死亡則以 70%酒精浸泡保存。

夜間於日落後一小時，沿兩樣點岸邊，捕捉所有兩生類，紀錄種類及體重。

7. 以所得生物數據計算各生物多樣性指數。

實驗附圖

● 圖一：中興湖（左）與興大康堤水域（右）

● 圖二：測量水質

● 圖三：蘇伯氏採集網

● 圖四：捕魚蛇籠

● 圖五：蝦籠

NOTE

實驗習題

❶ 比較兩處水域水質的差異並討論之。

❷ 比較生物群集的差異並討論之。

※注意事項：

進行溼地生態調查務必進行安全防護，須兩人以上共同作業，作業期間保持通訊暢通、嚴禁嬉鬧。

實驗●●●●● EXPERIMENT

12 細菌的革蘭氏染色法

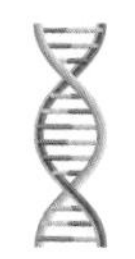

利用微生物染色中最基本的革蘭氏染色法，學習鑑別染色的技巧及區別細菌的方法，藉由染色結果以區別革蘭氏陽性菌及陰性菌，學習微生物分類的依據及原理。

革蘭氏染色原理

革蘭氏染色（Gram staining）是由一位丹麥醫生漢斯・克里斯蒂安・革蘭（Hans Christian Gram，1853 年－1938 年）於 1880 年代發明，當他在染色細胞時發現將多餘染色劑沖洗掉時，某些細胞會褪色因而發展出一種差異染色法。因為細菌細胞壁上的主要成份不同，利用這種染色法，可將細菌分成兩大類，即革蘭氏陽性菌與革蘭氏陰性菌。

革蘭氏陽性菌（Gram positive bacteria）的細胞壁較厚，是由肽聚醣（peptidoglycan）及磷壁酸（teichoic acid）組成。磷壁酸主要是由核糖醇或甘油殘基經由磷酸二酯鍵相連而成的聚合物。革蘭氏陰性菌（Gram negative bacteria）的肽聚醣薄層比革蘭氏陽性菌薄，且在外層具有另一層外層膜（outer membrane）包覆菌體，此外層膜是含有磷脂質（phospholipids）的雙層構造，結構類似細胞膜，內含有脂多糖（lipopolysaccharide）、脂蛋白（lipoprotein）、孔蛋白（porin）等成分。而外層膜與肽聚醣薄層之間的空間稱為周質（periplasmic space）。

革蘭氏染色為一種鑑別染色，使用經熱固定處理的之細菌樣本抹片，搭配使用多種化學藥劑。先使用初染劑-結晶紫染劑，使細菌染成藍紫色。再加入媒染劑-革蘭氏碘液（Gram's Iodine），藉由與細胞壁的鎂（Magnesium）、核糖核酸

（Ribonucleic acid），形成鎂-核糖核酸-結晶紫-碘（Mg-RNA-CV-I）的複合物，此複合物大且難移除，革蘭氏陽性菌比陰性菌難去色。

再使用脫色劑，主要成分為 95%乙醇，此試劑可同時溶解細胞壁中的脂質與作為蛋白質脫水劑的功能。革蘭氏陽性菌中脂質含量較低，所以可保留 Mg-RNA-CV-I 複合物之主要原因為，少量的脂質經乙醇作用，溶解後形成細胞壁的孔洞，但這些孔洞會因乙醇之脫水作用而封閉，使得與細胞壁結合的初染劑不易移去，可保留紫色。革蘭氏陰性菌因細胞壁中之外層含高量之脂質，較易被乙醇溶解，形成較多的且大的孔洞。即使細胞壁的蛋白質脫水後也不易封閉該孔洞，因此使 Mg-RNA-CV-I 複合物較易釋出，使菌體成無色。

最後加入複染劑-番紅溶液（Safranin solutions），因僅革蘭氏陰性菌因脫色劑處理後脫色，所以於此步驟能吸收複染劑，被此染料染成紅色。革蘭氏陽性菌則保留初染時之藍紫色。

實驗材料

菌種：大腸桿菌（*Escherichia coli*、*E. coli*）、枯草芽孢桿菌（*Bacillus subtilis*、*B. subtilis*）
酒精燈、接種環或接種針、玻片、吸水紙，拭鏡紙、染色盤、顯微鏡
蒸餾水、革蘭氏染劑：結晶紫染劑、革蘭氏碘液（Gram's Iodine）、95%乙醇、番紅溶液

實驗步驟

1. 取一小滴 *E. coli* 及 *B. subtilis* 菌液均勻塗於在載玻片上，建議使用未超過 24 小時新鮮培養的細菌。因菌齡老化後，革蘭氏陽性菌容易失去保留初染之能力，而造成部份菌體染成紫色，部份呈紅色的錯誤結果。
2. 將載玻片於酒精燈火上過火數次（熱固定），切勿沸騰。應避免熱源持續對同一點加熱，以避免玻片破掉。

3. 滴一滴結晶紫，靜置染 1 分鐘，以吸管吸取蒸餾水沖去染液。以蒸餾水洗去多餘藥品時，應避免直接沖洗到樣品的位置，可將玻片與水平面呈一個角度，使蒸餾水由玻片較高處往樣品處流去。
4. 滴一滴碘液，靜置染 1 分鐘，以吸管吸取蒸餾水沖去染液。
5. 滴 95%乙醇褪染，至洗出液呈淡藍色或無色即可，以吸管吸取蒸餾水沖去酒精。染色時，脫色步驟可影響實驗結果。切記脫色過度時容易使初染劑流失，使革蘭氏陽性菌染色結果不正確。但若脫色不足，則不能完全除去 Mg-RNA-CV-I 複合物，結果使革蘭氏陰性菌染色結果不正確。
6. 滴一滴番紅溶液，靜置染 45 秒，用蒸餾水洗去多餘的染劑，並以吸水紙吸乾（切勿擦拭玻片）（圖一）。
7. 以顯微鏡的油鏡觀察細菌染色結果（圖二和三）。

實驗附圖

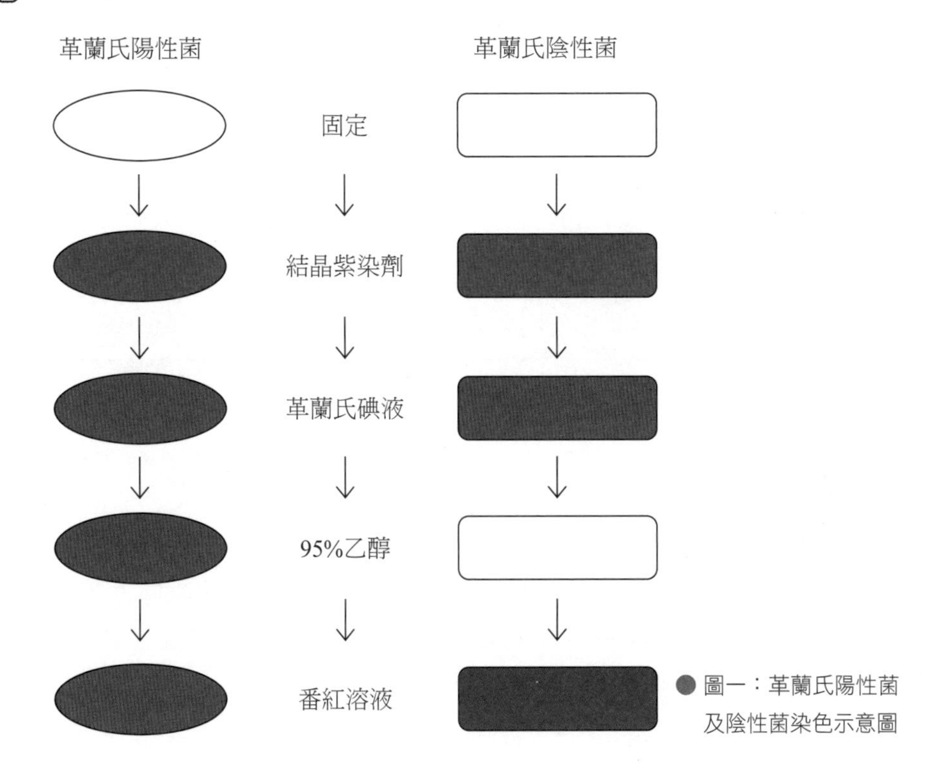

圖一：革蘭氏陽性菌及陰性菌染色示意圖

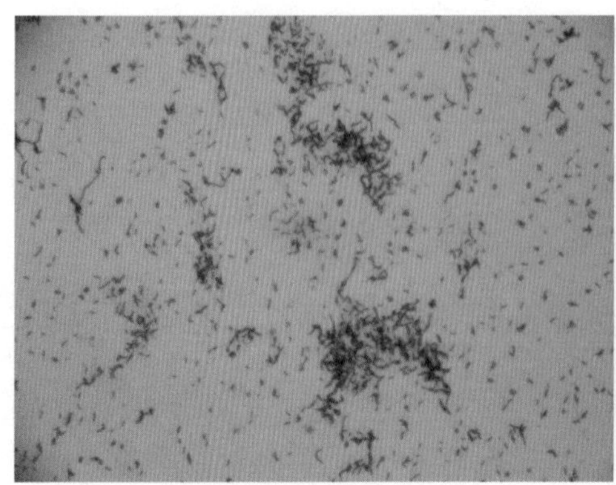

● 圖二：革蘭氏陽性菌呈紫色

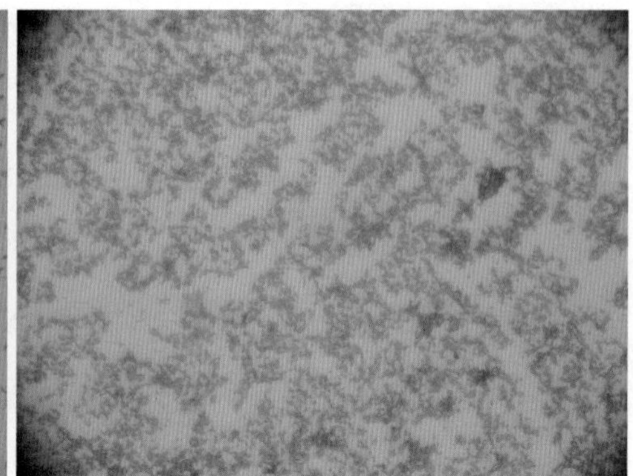

● 圖三：革蘭氏陰性菌呈紅色

NOTE

實驗習題

❶ 為何於革蘭氏染色時細菌要使用於 24 小時內培養之細菌？

❷ 請說明革蘭氏染色時各試劑使用的目的？

❸ 請列舉三種革蘭氏陽性菌及陰性菌？

實驗 EXPERIMENT

13 大腸桿菌勝任細胞的製備與質體 DNA 的轉形作用

利用氯化鈣法製備大腸桿菌（*Escherichia coli*、*E. coli*）勝任細胞，將質體（plasmid）做為載體（vector）將 DNA 分子經轉形作用（transformation）送入大腸桿菌細胞中，藉由寄主細菌的系統來達成複製 DNA 或進行目標基因的表現。藉由本實驗學習大腸桿菌勝任細胞（competent cells）的製備及轉形作用的原理及應用方法。

質體（Plasmid）DNA 是細胞中存在於染色體外的一段 DNA，可在細菌或酵母菌等細胞內自行複製，表現內含的基因，多屬於環狀構造（圖一）。質體 DNA 的長度不一，從數千個鹼基對到數萬個鹼基對皆有。質體 DNA 在細胞內的數量可從數個到數千個倍數，其 DNA 序列中多含有抗抗生素的基因或其他可改變宿主細胞生理代謝能力的基因。現今的分子生物科技多利用質體 DNA 作為外來基因送入細菌體內的載體工具；而抗抗生素的基因更可成為質體 DNA 是否成功送入寄主細胞的最佳篩選依據。若成功含有該質體 DNA 的細菌宿主細胞能在含抗生素的培養基中存活，若不具有該質體則無法在此培養基中存活。

質體 DNA 可藉由轉形作用，將質體 DNA 送入細菌的勝任細胞中，常見的轉型作用可利用鹽類溶液處理大腸桿菌，最常用的是氯化鈣（$CaCl_2$）溶液，可增加 DNA 與細菌細胞壁的結合，提高質體 DNA 進入細菌細胞的效率。轉型作用時常以 42°C 短時間熱休克（heat shock）處理勝任細胞，藉此促進細胞吸收質體 DNA。再將轉型作用後的大腸桿菌細胞培養在非選擇性（不含抗生素）的培養基中一段時間，以利細菌細胞表現質體 DNA 所含的基因。另一轉型方法為電穿孔法（electroporation），主要藉由電穿孔器（electroporator）短暫電擊刺激勝任細胞，以利質體 DNA 進入細胞，但勝任細胞懸浮液及 DNA 樣本溶液中皆不需要含有任何離子，否則會影響電擊效果。

一般大腸桿菌的轉形作用的效率在 10^5~10^8（細胞/μg）之間，意即每 μg 的質體 DNA 可成功轉形的細菌細胞數目，影響此轉形效率的因素與勝任細胞的狀況或細胞吸收 DNA 的能力相關。勝任細胞的製備好壞與是否使用正在對數生長期之細菌細胞、或製備時是否將細胞保持在 4 °C 以下，及氯化鈣溶液處理細胞的時間所影響。

實驗材料

菌種：大腸桿菌（*Escherichia coli*、*E. coli*）DH10B 菌株、質體 DNA
迴轉式震盪培養箱、無菌操作台、冷凍離心機、微量離心管、50 毫升離心管、微量吸管、水浴槽、碎冰及保溫盒、試管、培養皿、錐形瓶、分光光度計
0.1M 氯化鈣溶液（$CaCl_2$）、0.1M 氯化鎂溶液（$MgCl_2$）、勝任細胞保存液（0.1 M 氯化鈣溶液和 15%甘油）、Ampicillin 溶液（100 μg/ml）、LB 培養基（pH7.0）內含 1% 胰蛋白（tryptone）、0.5%酵母萃取物（yeast extract）、1%氯化鈉（NaCl）

實驗步驟

1. 製備勝任細胞

    (1) 接種 *E. coli* 菌株至 5 毫升的 LB 培養液中，於 37°C 中震盪培養 16 小時以上。

    (2) 取 0.5 毫升菌液接種於含有 50 毫升的 LB 培養液的錐形瓶中，於 37°C 中震盪培養 2-3 小時，待細菌濃度達 OD_{600}=0.2-0.4 之間。

    (3) 將菌液移至 50 毫升離心管中，冰浴處理 10 分鐘以上。

    (4) 以 4°C 冷凍離心、6,000 rpm，離心 5 分鐘，倒掉上清液（廢液回收）。

    (5) 將細菌至於冰上並加入 0.1M 氯化鎂溶液 20 毫升，溫和的使細菌懸浮於溶液中。

    (6) 再次以 4°C 冷凍離心、6,000 rpm，離心 5 分鐘，倒掉上清液（廢液回收）。

(7) 將細菌至於冰上並加入 0.1M 氯化鈣溶液 20 毫升，溫和的使細菌懸浮於溶液中，冰浴處理 30 分鐘以上。

(8) 再次以 4°C 冷凍離心、6,000 rpm，離心 5 分鐘，倒掉上清液（廢液回收）。

(9) 將細菌至於冰上並加入適量的勝任細胞保存液（0.1 M 氯化鈣溶液和 15%甘油），溫和的使細菌懸浮於溶液中，再取 100 μl 菌液分裝於微量離心管中，置於-80°C 超低溫冷凍櫃保存使用。

2. 質體 DNA 之轉形作用

(1) 取 2 管微量離心管分別加入 100 μl 勝任細胞。

(2) 1 管勝任細胞加入 2 μl 質體 DNA，另 1 管加入 2 μl 的無菌去離子水作為負對照組。

(3) 冰浴 30 分鐘。

(4) 將勝任細胞置於 42°C 恆溫水浴槽中，熱休克處理 2 分鐘，再迅速冰浴處理 20 分鐘。

(5) 加入 900 μl LB 培養液，置於 37°C 中震盪培養 1 小時。

(6) 取適量的菌液約 100 μl，利用 L 形玻璃棒或玻璃珠均勻塗抹於含有 Ampicillin（100 μg/ml）的 LB 培養基上，倒置於 37°C 中培養約 16 小時。可於培養基上形成菌落者，為轉型成功的細菌。

實驗附圖

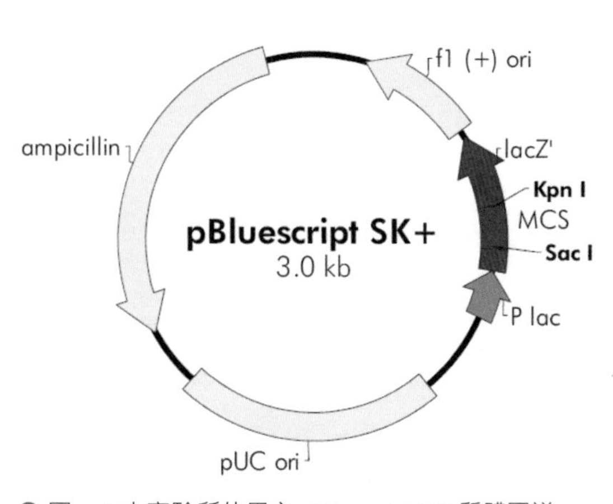

● 圖一：本實驗所使用之 pBluescript SK 質體圖譜。

NOTE

實驗習題

❶ 本實驗為何需使用菌液濃度達 OD_{600}＝0.2－0.4 的細菌製備勝任細胞？

❷ 請說明本實驗中氯化鈣溶液和甘油使用的目的？

❸ 請估計本實驗的轉形作用的效率，及討論影響轉形作用效率的因素？

實驗 EXPERIMENT

14 大腸桿菌質體 DNA 的小量萃取與檢測

利用鹼溶裂法（alkaline lysis）學習從大腸桿菌細胞分離和純化小量質體 DNA，並以洋菜膠體（agarose gel）電泳的方式，學習檢測質體 DNA。

萃取細菌中質體 DNA 的方法有鹼溶裂法（alkaline lysis）、沸騰法（boiling method）、鋰鹽法（lithium-based method），其中以鹼溶裂法的 DNA 產量較高、DNA 品質較佳較被廣泛使用。鹼溶裂法原理是利用 SDS 十二烷基硫酸鈉（Sodium dodecyl sulfate）破壞細菌細胞膜使細菌破碎，和氫氧化鈉（NaOH）可將細菌內的染色體與質體 DNA 變性，再以酸性溶液中和。多數的質體 DNA 經酸鹼中和後可較快恢復原狀，但染色體 DNA 則不易完全恢復，容易與蛋白質 SDS 等複合物沉澱，可利用離心的方式將細胞碎片及染色體 DNA 移除。再將存在於上清溶液中的質體 DNA 以鹽類與酒精沉澱分離，最後以 70%酒精清洗移除多餘的鹽類，待 DNA 沉澱物風乾後，再以無菌去離子水回溶 DNA，獲得純化的質體 DNA。

質體 DNA 可利用洋菜膠體電泳的方式，分析及檢視 DNA 萃取的結果。洋菜膠因製備方便所以常做為電泳分析的材料，由洋菜顆粒凝聚而成，顆粒間的孔隙可供核酸物質通過，濃度愈高孔隙愈小。再利用核酸表面帶負電的特性，將核酸置於洋菜膠中，通以電流，則核酸將朝向正極移動。因為分子量不同的核酸分子，在膠體孔徑中移動的速度會有不同，分子量小的移動速率快於分子量大的，藉此可將不同大小的核酸分開。一般針對線型 DNA 的有效分析範圍，洋菜膠常使用 0.3%至 2.0%之濃度，可用於分析於 100-60,000 bp 大小（base pairs）的 DNA 分子。

核酸電泳分析時，移動速率與分子量大小相關，與核酸的 DNA 序列組成無直接相關。其他影響電泳的因素還有：(1) 膠體濃度：膠體濃度高，孔徑小，適合分析小分子量的核酸；膠體濃度低，孔徑大，適合分析大分子量的核酸。(2) 核酸結構：不同形狀的同種 DNA，移動速率會有所差異，質體 DNA 含有三種型態的 DNA，分別是超螺旋 DNA（supercoil）、缺口性環型 DNA（nicked circular）及直線型 DNA（linear）。一同電泳分析時，超螺旋 DNA 移動速率最快，其次為直線型 DNA，缺口性環型 DNA 速率最緩慢。(3) 電泳緩衝液的之鹽類成分：電泳緩衝液依其所含鹽類不同，可分為二類：Tris-acetate（TAE）和 Tris-borate（TBE）。TAE 緩衝液中含有 40-50 mM Tris-acetate，當長時間以 TAE 電泳，必須更換緩衝液，但有利於膠體內 DNA 的回收。TBE 緩衝液中含有 89-90 mM Tris-borate，緩衝能力良好，可經長時間電泳。

核酸電泳分析結束後，膠體中的核酸可利用 ethidium bromide（EtBr）染色，EtBr 能鑲嵌於核酸鹼基中，以紫外線照射後可經 EtBr 放出肉眼可見螢光，藉此觀察核酸之位置。將跑完電泳、含不同大小核酸的洋菜膠，浸泡於 EtBr 溶液染色，再置於 UV 燈箱上觀察，最後以膠體上不同大小核酸所處的不同位置，區分出超螺旋 DNA、缺口性環型 DNA 及直線型 DNA。

實驗材料

菌種：含質體 DNA 的大腸桿菌（*Escherichia coli*、*E. coli*）菌株	
迴轉式震盪培養箱、無菌操作台、冷凍離心機、分光光度計、核酸電泳槽、鑄膠器與鑄膠槽、塑膠齒梳、紫外光照膠設備及數位相機、微量離心管、微量吸管、試管	
無菌去離子水、70%酒精、100%酒精、氯仿（chloroform）、酚（phenol）、0.8%洋菜膠、Ethidium Bromide（EtBr）溶液（0.5 μg/ml）、DNA marker	
LB 培養基（pH7.0）	1%胰蛋白（tryptone）、0.5%酵母萃取物（yeast extract）、1%氯化鈉
Solution I（suspension buffer）	50 mM glucose、25 mM Tris-HCl（pH 8.0）、10 mM EDTA（pH 8.0）、RNase A（20 μg/ml）
Solution II（lysis buffer）（需新鮮配置）	0.2 N NaOH、1% SDS

Solution III（neutralization buffer）	60 毫升 5M potassium acetate、11.5 毫升 acetic acid、28.5 毫升無菌去離子水
1X TAE buffer	40 mM Tris-HCl（pH 8.5）、20 mM acetic acid, 1 mM EDTA
6X gel loading dye	10 mM Tris-HCl（pH 7.6）、0.03% bromophenol blue、0.03% xylene cyanol FF、60% glycerol、60 mM EDTA

實驗步驟

1. 質體 DNA 的小量萃取

⑴ 於含抗生素之篩選培養基中，挑取單一菌落，養於裝有 5 毫升 LB 培養基的試管中，震盪培養於 37°C 中約 16 小時以上。

⑵ 將 1.5 毫升菌液以 12,000 rpm 離心 5 分鐘後，去除上清液。

⑶ 加入 100 μl solution I 與菌體混和懸浮，務必使菌體回溶完全。

⑷ 加入 200 μl solution II 並上下倒置混勻液體後，靜置於室溫 5 分鐘。

⑸ 再加入 150 μl solution III，混合液體直至出現白色沉澱物即可。

⑹ 以 12,000 rpm，離心 15-20 分鐘，吸取上清液至新的微量離心管中。

⑺ 加入等體積的氯仿（chloroform）及酚（phenol）共 400 μl，震盪充分混和均勻後，以 12,000 rpm 離心 5 分鐘後，吸取上清液至新的微量離心管中。

⑻ 加入 2 倍體積的 100%酒精混合液體後，置於-20°C 冰箱中 30 分種以上。

⑼ 待 DNA 沉澱後，以 12,000 rpm，低溫離心 15-20 分鐘，去除上清液，保留管底的 DNA 沉澱物。

⑽ 以 1 毫升 70%酒精清洗 DNA 沉澱物，以 12,000 rpm，離心 10 分鐘，去除上清液。

⑾ 將離心管自然風乾或以真空抽乾。

⑿ 加入 50 μl 的無菌去離子水回溶 DNA。

⒀ 取 5 μl 上述 DNA 溶液，加入 995 μl 無菌水混合均勻，用於檢測 DNA 濃度。

⒁ 檢測 DNA 樣本的 OD 260 nm 及 280 nm 的數值，以無菌水將分光光度計歸零後，檢測 DNA 純度。並利用 OD_{260} 觀測值估算 DNA 濃度。

2. 質體 DNA 的電泳分析

⑴ 取 10 μl 上述 DNA 溶液，進行 DNA 洋菜膠體電泳分析（圖一）。

⑵ 加入 2 μl 的 6X gel loading dye 與 DNA 溶液混和。

⑶ 同時間製備 0.8%洋菜膠，取 0.8 洋菜膠粉溶解於 100 毫升的 1X TAE buffer 中，以微波爐加熱煮沸後，待降溫後倒入鑄膠槽中、並插入塑膠齒梳，待其冷卻凝固後使用（圖一）。

⑷ 將含洋菜膠之膠片盤置於電泳槽中，倒入適量的 1X TAE buffer（圖一）。

⑸ 將上述的 DNA 樣本及 5 μl 的 DNA marker，分別注入樣本槽中。

⑹ 將電泳槽通電後，DNA 樣本應從負極向正極移動（圖一）。

⑺ 完成電泳步驟後，將洋菜膠經 Ethidium Bromide（EtBr）溶液（0.5 μg/ml）染色後，於紫外光照膠設備中觀察，以數位相機拍照並存檔（圖二）。EtBr 為致癌物質，操作時應戴手套應慎防觸碰。

NOTE

實驗附圖

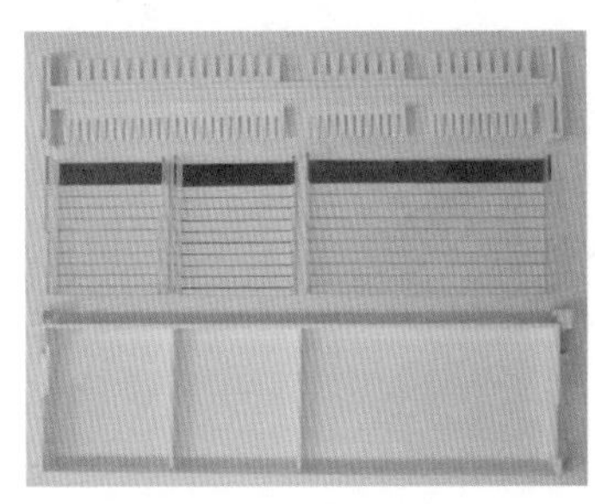

1.準備製備洋菜膠所需器材

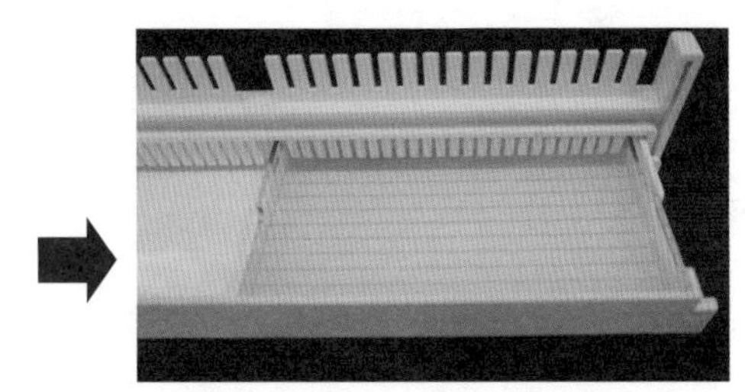

2.架好器材後，將洋菜膠粉煮沸後，待降溫後倒入鑄膠槽中、並插入塑膠齒梳，待其冷卻凝固後使用

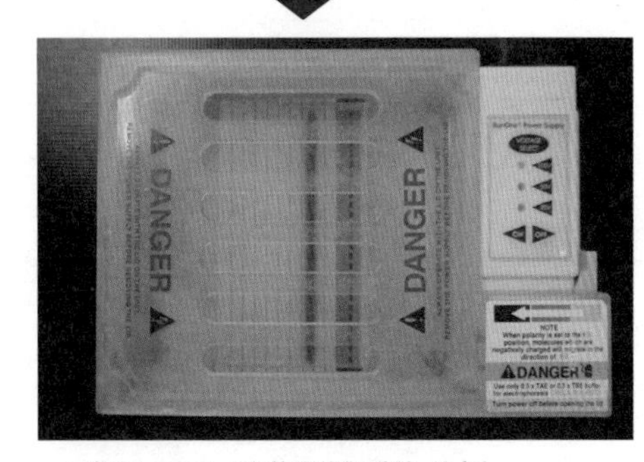

3.進行 DNA 洋菜膠體電泳分析

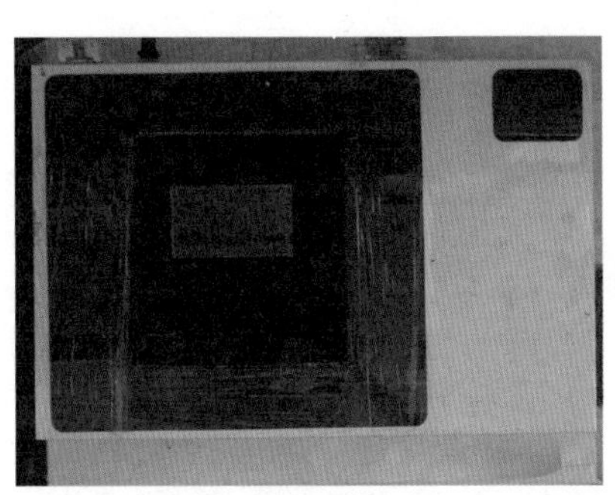

4.將洋菜膠經 EtBr 溶液染色後，於紫外光照膠設備中觀察

● 圖一：DNA 膠體電泳分析

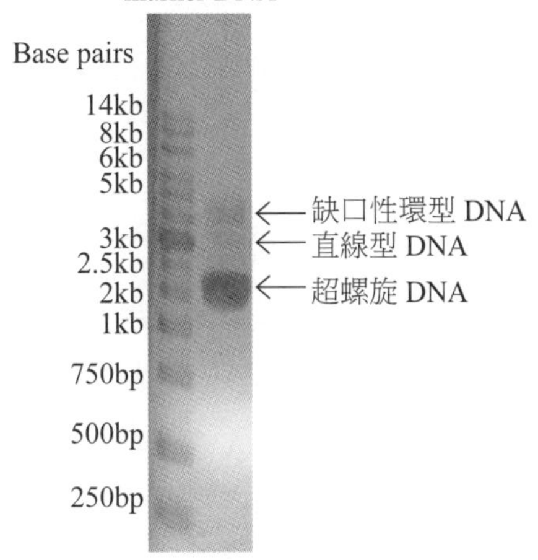

● 圖二：DNA 膠體電泳分析結果

NOTE

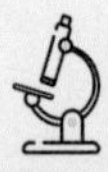

實驗習題

❶ 請說明本實驗中 NaOH 和 RNase A 使用的目的？

❷ 請說明本實驗中 70%酒精和 100%酒精使用的目的？

❸ 請討論雙股 DNA 與單股 DNA 濃度的計算方式的不同，及討論本實驗所獲得的質體 DNA 濃度？

實驗 ● ● ● ● ● EXPERIMENT

15 大腸桿菌蛋白質的誘導表現、純化與分析

利用大腸桿菌系統學習從原核生物表現重組蛋白質的知識與技術。和學習利用帶二價正電鈷（Co^{2+}）離子的親和力管柱（affinity column）純化蛋白質，再以 SDS-聚丙烯醯胺凝膠電泳（sodium dodecyl sulfate polyacrylamide gel electrophoresis，簡稱 SDS-PAGE）的方式，檢測蛋白質的分子量與純度。

將目標蛋白質的基因片段放入含有 6 個組氨酸（histidine）序列的 pET 表現載體中，再經轉形作用（transformation）送入大腸桿菌細胞中，大量增生繁殖後，於培養基中加入 *lac* 操縱子的誘導物 IPTG（Isopropyl-β-D-thiogalactoside）使得 lac repressor（LacI）無法與 DNA 結合，促使目標基因可受 T7 RNA polymerase（聚合酶）調控而表現（圖一）。再利用 Sonifier（超音波震盪器）將細菌打破以獲得所有可溶性蛋白質，因 6 個組氨酸（His-tag）序列可與帶二價正電螯合的特性，使得細菌細胞萃取液流過含有鈷（Co^{2+}）離子的親和力管柱，可與目標蛋白質結合。之後使用含有 imidazole 的溶液沖洗管柱，將目標蛋白質釋出純化。

將純化蛋白質利用 SDS-PAGE 的方式進行分析，蛋白質在利用聚丙烯醯胺凝膠電泳（polyacrylamide gel electrophoresis）分析時，蛋白質的泳動速率會受到所帶的電荷及分子大小、形狀等因素影響。若在蛋白質溶液中加入 SDS 和 β-mercapoethanol（β-巰基乙醇、β-ME）後，β-ME 可使蛋白質的雙硫鍵還原，SDS 則可使蛋白質變性，並包覆蛋白質使其表面帶負電，使得變性後的蛋白質在電泳分析時的泳動速率會受到分子大小影響，泳動速率與分子量成反比，進而檢測蛋白質的分子量。

實驗材料

菌種：含質體DNA的大腸桿菌（*Escherichia coli*、*E. coli*）BL21（DE3）菌株		
迴轉式震盪培養箱、無菌操作台、冷凍離心機、分光光度計、純化蛋白質的玻璃管柱、微量離心管、微量吸管、試管、0.45 μm孔徑的針筒過濾器、蛋白質電泳槽、鑄膠架與玻片夾、玻璃片、塑膠齒梳、墊片、電源供應器、水平振盪器、塑膠染色盒、燈箱		
無菌去離子水、95%酒精、Ampicillin溶液（100 μg/mL）、1 M的IPTG溶液（Isopropyl β-D-1-thiogalactopyranoside）、TALON metal affinity resin、lysozyme、NP-40溶液、甘油、DNase I溶液、protein marker、1 M的DTT（Dithiothreitol）溶液		
LB培養基（pH7.0）	1%胰蛋白（tryptone）、0.5%酵母萃取物（yeast extract）、1%氯化鈉	
Equilibration/Wash buffer	50 mM sodium phosphate（pH 7.0）、500 mM NaCl、5%甘油、1 mM PMSF（phenylmethyl sulfonyl fluoride）	
Elution buffer	50 mM sodium phosphate（pH 7.0）、500 mM NaCl、5%甘油、1 mM PMSF（phenylmethyl sulfonyl fluoride）、20 ~ 100 mM imidazole	
10% separating gel（用於製作二片迷你1.5 mm厚度的電泳膠片）	1.5 M Tris-HCl（pH 8.8）	5毫升
	30% Acrylamid溶液（37.5：1、Acrylamide：Bis＝29.2%：0.8%）	6.6毫升
	無菌去離子水	8.1毫升
	10% SDS（sodium dodecyl sulfate）	0.2毫升
	10% APS（Ammonium persulfate）	100 μl
	TEMED（Tetramethylethylenediamine）	20 μl
5% stacking gel（用於製作二片迷你1.5 mm厚度的電泳膠片）	0.5 M Tris-HCl（pH 6.8）	2.5毫升
	30% Acrylamid溶液（37.5：1、Acrylamide：Bis＝29.2%：0.8%）	1.67毫升
	無菌去離子水	5.68毫升
	10% SDS（sodium dodecyl sulfate）	0.1毫升
	10% APS（Ammonium persulfate）	60 μl
	TEMED（Tetramethylethylenediamine）	10 μl
Running buffer	0.025 M Tris-HCl（pH 8.3）、0.2 M Glycine、0.1% SDS	
6X SDS loading dye	0.35 M Tris-HCl（pH6.8）、30% glycerol、10% SDS、0012% bromophenol blue	
Coomassie blue stain溶液	0.2% commassie blue R-250、50% methanol、10% acetic acid	
Destain溶液	7% acetic acid、36% methanol	

實驗步驟

1. 蛋白質的誘導表現與純化

(1) 於含抗生素之篩選 LB 培養基中，挑取單一菌落，養於裝有 5 毫升 LB 培養基的試管中，震盪培養於 37°C 中約 16 小時以上。

(2) 利用分光光度計測量上述菌液的細菌濃度（OD_{600} 值），吸取 200 μl 的菌液，加入約 20 毫升含抗生素 LB 培養基液態培養液中，於 37°C 中震盪培養。

(3) 培養 2~2.5 小時後，測量細菌濃度（OD_{600} 值），使用 OD_{600} 約達 0.6-0.7 的菌液。

(4) 加入 IPTG 溶液使其最終濃度為 1 mM，置於 37°C 生長箱震盪培養，在培養四小時後收取適量菌液

(5) 於 4°C 以 12,000 rpm 離心 10 分鐘後，去除上清液。

(6) 加入適量的 Equilibration/Wash buffer 與菌體混和懸浮，務必使菌體回溶完全。

(7) 將回溶之菌液至於冰上，並利用超音波震盪器震盪打破細胞（圖二），直到菌液呈微透明狀態。

(8) 於 4°C 以 12,000 rpm 離心 10 分鐘後，吸取上清液至新的離心管中。

(9) 於溶液中加入 lysozyme（0.2 mg/ml）、0.05% NP-40、10% 甘油和 DNase I，將溶液置於冰上作用 1 小時。

(10) 於 4°C 以 12,000 rpm 離心 20 分鐘後，吸取上清液以 0.45 μm 孔徑的針筒過濾器過濾溶液，以去除細胞破片，避免阻塞純化管柱，將溶液過濾至新的離心管中，此時所得之蛋白樣品為細胞粗萃取液（crude extract）。

(11) 取出適量 TALON metal affinity resin，於 4°C 以 1,000 rpm 離心 2 分鐘後，去除上清液。

(12) 加入適量的 Equilibration/Wash buffer 與 resin 混合清洗二次後，於 4°C 以 1,000 rpm 離心 2 分鐘後，去除上清液。

⒀ 細胞粗萃取液（crude extract）與 resin 混和後，加入純化蛋白質的管柱中，待 resin 沉澱後讓溶液流出。

⒁ 再以適量的 Equilibration/Wash buffer 加入管柱中，清洗 resin 以降低非專一性的鍵結，重複此一清洗步驟。

⒂ 再於管柱中加入適量的 Elution buffer，待 resin 沉澱後，使蛋白質於管柱中釋出，並以微量離心管收集蛋白質溶液。

⒃ 收集的蛋白質溶液以 SDS-PAGE 分析。

2. 蛋白質的電泳分析

⑴ 組裝鑄膠用之玻璃及架子（圖三）。

⑵ 配置 10% separating gel 溶液並加入二片玻璃片的空隙間約八分高，加入 95%酒精，趕除氣泡並壓平 separating gel 液面，放置 20~30 分鐘使膠體凝固。

⑶ 用水洗去所加入的 95%酒精，並吸去多餘的水。

⑷ 配置 5% stacking gel 溶液並插入塑膠齒梳，放置 20~30 分鐘使膠體凝固。

⑸ 取下齒梳後，將膠片組裝於電泳槽中，並加入適量的 running buffer。

⑹ 製備蛋白質樣品溶液，將上述步驟萃取的蛋白質溶液加入 6X SDS loading dye 及 DTT 溶液使其濃度為 100 mM 混和均勻。

⑺ 將蛋白質樣品溶液及 protein marker 分別注入樣本槽中，先以定電壓 50 福特進行 60 分鐘電泳分析，待樣本進入 separating gel 中再以定電壓 100 福特進行約 120-150 分鐘電泳分析（圖三）。

⑻ 電泳分析完畢後，取下膠體利用 coomassie blue stain 溶液進行蛋白質染色 2-3 小時。

⑼ 將染色後膠體置於 Destain 溶液中進行脫色，直至膠體底色完全脫色為止。將膠體置於燈箱上觀察分析結果（圖 4）。

實驗附圖

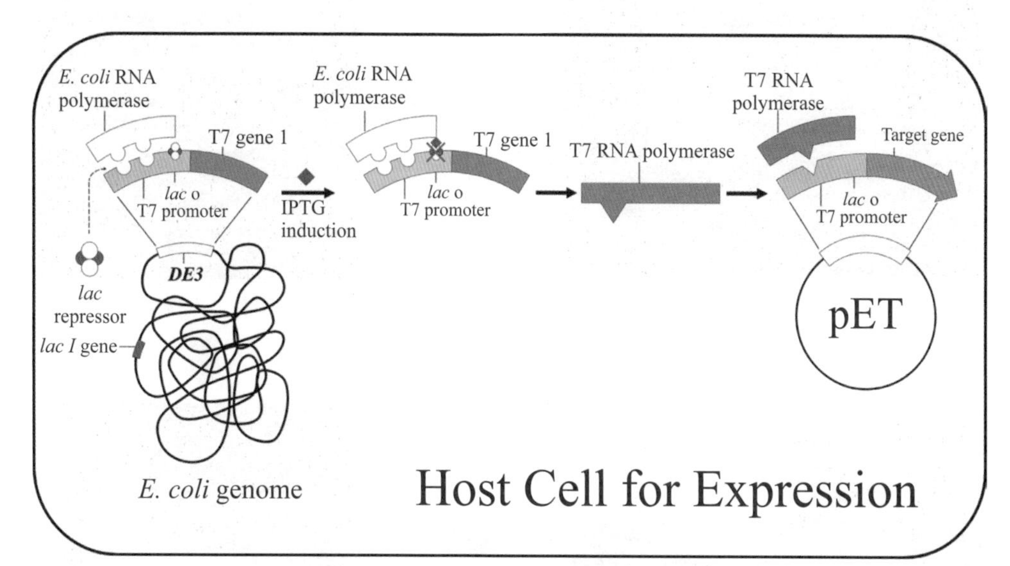

● 圖一：利用 IPTG 誘導蛋白質表現系統示意圖

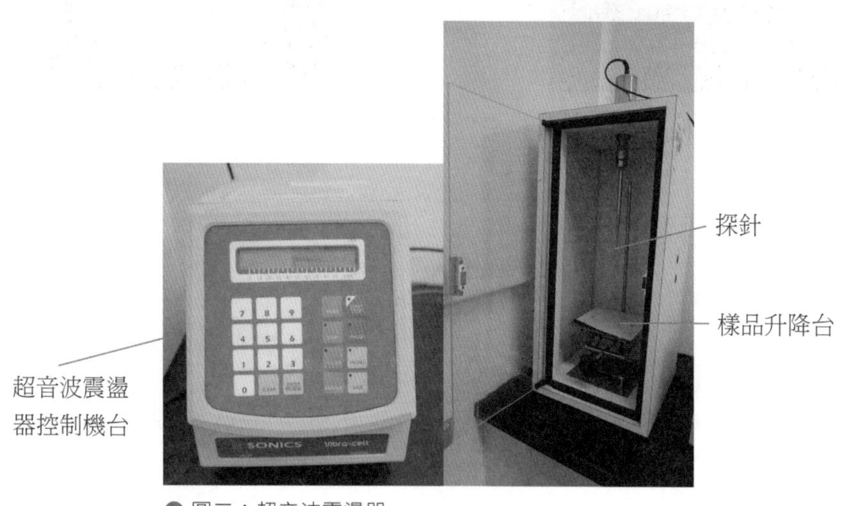

● 圖二：超音波震盪器

1.準備製備聚丙烯醯胺凝膠所需器材

2.組裝鑄膠用之玻璃及架子

3.取下齒梳後，將膠片組裝於電泳槽中

4.進行蛋白質電泳分析

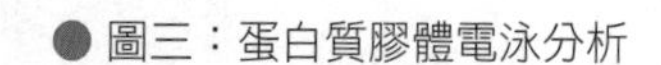

● 圖三：蛋白質膠體電泳分析

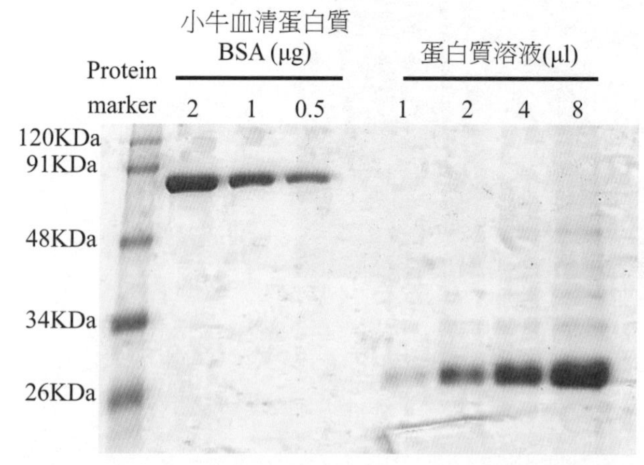

● 圖四：蛋白質膠體電泳分析經 coomassie blue stain 染色後結果

NOTE

實驗習題

❶ 請說明本實驗蛋白質電泳膠體中 APS 和 TEMED 使用的目的？

❷ 請說明本實驗蛋白質電泳分析中 SDS 使用的目的？

❸ 請說明本實驗蛋白質電泳分析中 6X SDS loading dye 使用的目的？

實驗 EXPERIMENT

16 蛋白質的西方墨點法（Western blot analysis）

利用本實驗學習蛋白質轉印的方法和相關知識技巧，並學習利用有特定專一性之抗體抗原反應檢測樣本中特定的蛋白質。

西方墨點分析主要可用於檢測經 SDS-聚丙烯醯胺凝膠電泳（SDS-PAGE）分析後的蛋白質，電泳分析完畢，將膠片浸泡轉印緩衝液中，使膠片中的蛋白質被轉印（transfer）到硝化纖維膜（nitrocellulose、NC）或尼龍膜（nylon），此類膜可與蛋白質非共價方式結合。轉印完成後可用麗春紅（Ponceau S）蛋白質染劑將 NC 膜染色，以確認蛋白質是否轉印成功。再進一步利用抗體可專一性的與 NC 膜上的蛋白質結合原理，將預檢測的蛋白質的抗體與 NC 膜進行抗原-抗體反應，將這些來自於兔子或老鼠的單株或多株抗體（monoclonal or polyclonal antibody）可作為第一抗體。當第一抗體與蛋白質抗原結合後，再加入第二抗體，例如：山羊抗老鼠或抗兔子的血清的免疫球蛋白 G（Immunoglobulin G、IgG），與第一抗體進行結合辨認。而第二抗體上通常含有 horseradish peroxidase（HRP）或 alkaline phosphatase（AP）等酵素、同位素或螢光素，再利用基質顯色、放射顯影或檢測螢光等方式，檢測觀察待測樣本中是否含有預檢測的蛋白質。horseradish peroxidase 酵素可分解 3,3'-Diaminobenzidine（DAB）產生棕色反應產物，或是利用化學冷光（chemiluminescent）的基質如：luminol（$C_8H_7N_3O_2$）使其發出冷光（luminescence）觀察免疫反應結果。alkaline phosphatase 酵素可分解 BCIP（5-bromo-4-chloro-3'-indolyphosphate ρ-toluidine salt/ nitro-blue tetrazolium chloride（BCIP/NBT）產生深紫色反應產物。影響西方墨點分析法的結果包括 (1) 蛋白質轉印過程中蛋白質的含量多寡、轉印過程中所使用的緩衝液成份等因素；

(2) 所使用的第一抗體稀釋倍數及專一性、第二抗體的濃度及最後呈色反應所使用的基質種類等因素。

實驗材料

<table>
<tr><td colspan="3">微量離心管、微量吸管、蛋白質電泳槽、鑄膠架與玻片夾、玻璃片、塑膠齒梳、墊片、蛋白質轉印槽、轉印器、膠片夾、纖維墊片、轉印膜（硝化纖維膜或尼龍膜）、3MM 濾紙、電源供應器、水平振盪器、塑膠染色盒、鑷子、X 光片夾、X 光片沖洗機或冷光偵測儀</td></tr>
<tr><td colspan="3">待測蛋白質溶液、無菌去離子水、95%酒精、protein marker、1 M 的 DTT（Dithiothreitol）溶液、脫脂奶粉（Skim milk）、冷光偵測試劑</td></tr>
<tr><td rowspan="6">10% separating gel（用於製作二片迷你 1.5 mm 厚度的電泳膠片）</td><td>1.5 M Tris-HCl（pH 8.8）</td><td>5 毫升</td></tr>
<tr><td>30% Acrylamid 溶液（37.5：1、Acrylamide：Bis＝29.2%：0.8%）</td><td>6.6 毫升</td></tr>
<tr><td>無菌去離子水</td><td>8.1 毫升</td></tr>
<tr><td>10% SDS（sodium dodecyl sulfate）</td><td>0.2 毫升</td></tr>
<tr><td>10% APS（Ammonium persulfate）</td><td>100 μl</td></tr>
<tr><td>TEMED（Tetramethylethylenediamine）</td><td>20 μl</td></tr>
<tr><td rowspan="6">5% stacking gel（用於製作二片迷你 1.5 mm 厚度的電泳膠片）</td><td>0.5 M Tris-HCl（pH 6.8）</td><td>2.5 毫升</td></tr>
<tr><td>30% Acrylamid 溶液（37.5：1、Acrylamide：Bis＝29.2%：0.8%）</td><td>1.67 毫升</td></tr>
<tr><td>無菌去離子水</td><td>5.68 毫升</td></tr>
<tr><td>10% SDS（sodium dodecyl sulfate）</td><td>0.1 毫升</td></tr>
<tr><td>10% APS（Ammonium persulfate）</td><td>60 μl</td></tr>
<tr><td>TEMED（Tetramethylethylenediamine）</td><td>10 μl</td></tr>
<tr><td>running buffer</td><td colspan="2">0.025 M Tris-HCl（pH 8.3）、0.2 M glycine、0.1% SDS</td></tr>
<tr><td>6X SDS loading dye</td><td colspan="2">0.35 M Tris-HCl（pH6.8）、30% glycerol、10% SDS、0012% bromophenol blue</td></tr>
<tr><td>轉印（transfer）緩衝液</td><td colspan="2">25mM Tris-HCl（pH8.3）、192 mM glycine、20% v/v methanol</td></tr>
<tr><td>Ponceau S（麗春紅）溶液</td><td colspan="2">0.1% Ponceau S、5% acetic acid</td></tr>
<tr><td>1X TBS 溶液</td><td colspan="2">50 mM Tris-Cl（pH 7.5）、150 mM NaCl</td></tr>
<tr><td>1X TBST 溶液</td><td colspan="2">50 mM Tris-Cl（pH 7.5）、150 mM NaCl、0.05% Tween 20</td></tr>
</table>

實驗步驟

1. 蛋白質的轉印
   (1) 依前述實驗方法進行 SDS-聚丙烯醯胺凝膠電泳（SDS-PAGE）分析，電泳分析完畢後，將膠片從玻璃片中取下，並切下膠片上層部分，將膠片浸泡在轉印緩衝液中。
   (2) 裁切與 SDS-PAGE 膠片大小相同的硝化纖維膜及 3MM 濾紙兩張，將其浸泡在轉印緩衝液中。
   (3) 將膠片夾打開平放後（黑色面朝下），依序由下往上疊放 1 片纖維墊片、1 片 3MM 濾紙、SDS-PAGE 膠片、1 片硝化纖維膜、1 片 3MM 濾紙、1 片纖維墊片，最後蓋上白色面的膠片夾，避免各層之間有氣泡產生，以上組裝過程需在轉印緩衝液中進行（圖一）。
   (4) 將蛋白質轉印器放入轉印槽中並加入轉印緩衝液，將膠片夾放入轉印器中並使膠片放置面朝向負極（膠片夾黑色面朝向負極），使硝化纖維膜放置面朝向正極（膠片夾白色面朝向正極）（圖一）。
   (5) 組裝完成後可於轉印槽中放入冰盒或置於冰上，以定電壓 100 福特、350 豪安培電流進行約 90 分鐘轉印過程（圖一）。
2. Ponceau S（麗春紅）溶液染色
   (1) 轉印完成後，將轉印膜浸泡在 Ponceau S（麗春紅）溶液中染色 2-5 分鐘。
   (2) 於去離子水中褪染，直至蛋白質條帶呈現於轉印膜上，以確認蛋白質確實從 SDS-PAGE 膠片中轉印至硝化纖維膜上（圖二）。
   (3) 並以鉛筆標示 protein marker 的位置及掃描存檔染色結果，再將轉印膜於去離子水中完全褪染。
3. 專一性抗體檢測
   (1) 將轉印膜置於含 5%脫脂奶粉的 1X TBST 溶液中，於室溫中振盪 30-60 分鐘後倒掉溶液。
   (2) 再用 1X TBST 溶液清洗轉印膜 2 次，每次 5 分鐘。

(3) 再將轉印膜放入含有第一抗體的 3%脫脂奶粉 1X TBST 溶液中（anti-His tag 抗體，1：1,000 稀釋倍數），於室溫中振盪約 60 分鐘後倒掉溶液。

(4) 再以 1 倍 TBST 溶液清洗轉印膜 3 次，每次 5 分鐘。

(5) 再將轉印膜放入含有第二抗體的 3%脫脂奶粉 1X TBST 溶液中（Goat anti mouse IgG-HRP conjugated antibody，1：5,000 稀釋倍數，室溫下與轉印膜振盪 30 分鐘。

(6) 再以 1X TBST 溶液清洗轉印膜 15 分鐘 1 次和 5 分鐘 4 次。

(7) 最後再將轉印膜上加入適量的冷光測試劑，並充分搖晃使其均勻分佈，於暗房中以 X 光片進行壓片，以 X 光片沖洗機或冷光偵測儀呈現影像，並掃描存檔 X 光片結果（圖三）。

實驗附圖

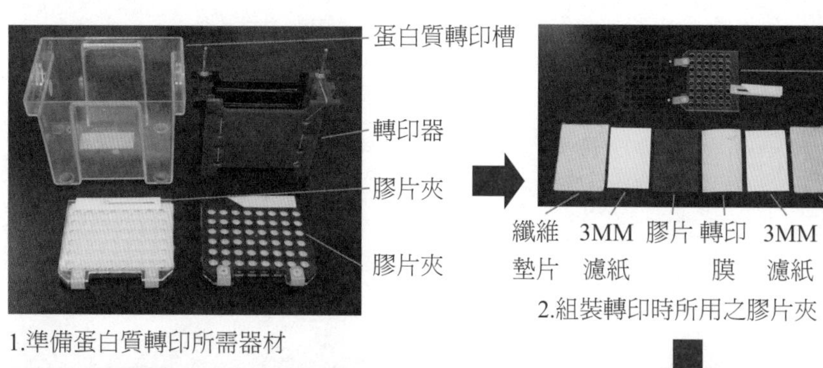

1.準備蛋白質轉印所需器材

2.組裝轉印時所用之膠片夾

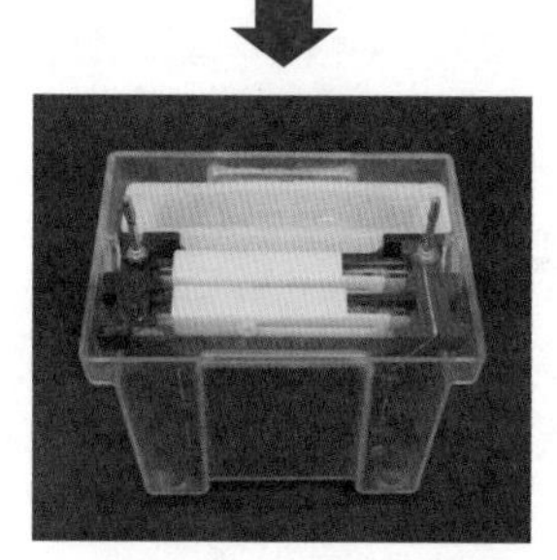

3.將膠片夾組裝於轉印槽中

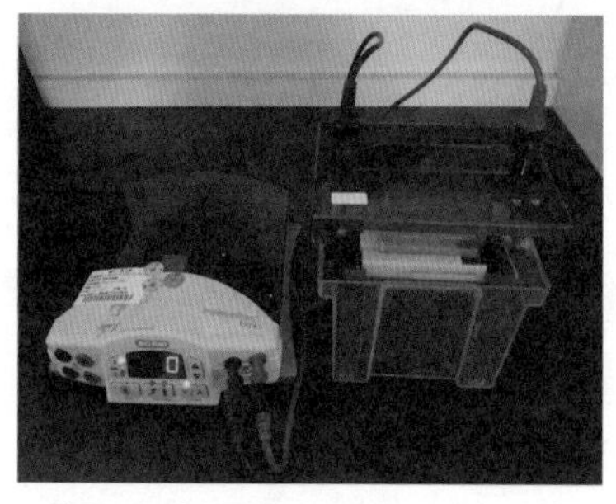

4.進行蛋白質轉印

● 圖一：蛋白質膠體轉印過程示意圖

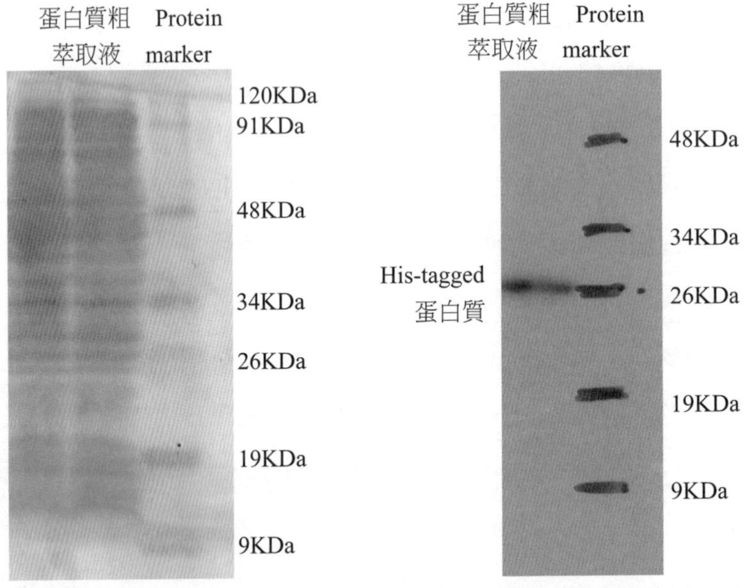

● 圖二：蛋白質轉印膜被 Ponceau S（麗春紅）溶液染色結果

● 圖三：蛋白質西方墨點法分析結果

NOTE

實驗習題

❶ 請說明本實驗蛋白質西方墨點法中用何種原理偵測目標蛋白質？

❷ 請說明本實驗中蛋白質轉印完成後，如何確認蛋白質是否被成功轉印至轉印膜上？

❸ 請說明本實驗中蛋白質轉印膜上若有氣泡痕跡，可能造成的原因為何？

實驗 EXPERIMENT

17 蛋白質的定量分析

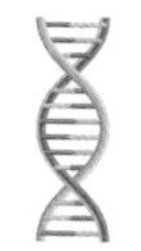

利用本實驗學習使用 BCA 試劑檢測樣本溶液中蛋白質濃度的方法和相關知識技巧。

蛋白質為生物細胞中具重要功能的大分子，種類繁多且結構、分子量及功能各異，使得建立一個通用且精確的定量方法困難。常用的蛋白質定量方法各有其優點和限制：(1) Bradford method：利用 Coomassie Brilliant Blue G-250（考馬斯亮藍 G-250）會與蛋白質結合的特性，G-250 與蛋白質結合後，G-250 的顏色會變成藍色，可以在 595 nm 波長下有較高的吸收值，蛋白質越多，藍色越深。此方法的優點為 G-250 與蛋白質結合時間較短（約 2 分鐘），操作方法方便且靈敏，且可使用 96 孔盤進行微量分析，方便大量樣本的檢測。(2) UV 吸光法（Ultraviolet Absorption Method）：可用於檢測含有苯環胺基酸（aromatic amino acids）的蛋白質，如含有苯丙胺酸（phenylalanine）、酪胺酸（tyrosine）或色胺酸（tryptophan）的蛋白質，此類蛋白質水溶液在 280 nm 波長下有較高的吸收值，其吸收量與蛋白質溶液的濃度成正比，不過此方法易受對於 280 nm 附近的光也有吸收作用的其他化學物質的干擾，所以用於檢測蛋白質濃度較不準確。(3) BCA（Bicin choninc acid）Method：在鹼性溶液中，蛋白質可將銅離子由二價（Cu^{2+}）轉變成一價（Cu^{+}）後，再與 BCA 結合產生在波長 562 nm 有很強的吸光值的紫色複合物，吸收值與蛋白質溶液的濃度成正比。此法的優點在於靈敏度高且穩定，且較不易受陰離子、非離子性及二性離子的清潔劑干擾，但操作時較費時。

實驗材料

微量離心管、微量吸管、96 孔盤、酵素免疫分析儀（Sunrise Absorance Reader）

小牛血清蛋白質（Bovine serum albumin、BSA）溶液、待測蛋白質溶液、無菌去離子水、BCA protein assay kit（Prierce biotechnology，美國）

實驗步驟

(1) 以無菌去離子水製備 BSA 標準溶液（2,000、1,500、1,000、750、500、250、125、25 μg/ml），並混合均勻。另外製備 BCA 試劑將 A reagent 與 B reagent 以 50：1 之比例混合配成 BCA working reagent，現配使用（圖一）。

(2) 在 96 孔盤的每個樣品孔中加入 200 μl 的 BCA working reagent，再分別加入 25 μl 的 BSA 標準溶液以用於繪製蛋白質標準曲線。另外取適量的待測蛋白質溶液並加去離子水至 25 μl 後，加入樣品孔中與 BCA working reagent 混合均勻。並準備 25μl 的離子水溶液，加入樣品孔中與 BCA working reagent 混合均勻作為 blank 溶液（圖一）。

(3) 將 96 孔盤置於 37°C 作用 30 分鐘後，移置 4°C 冷卻 5 分鐘，最後利用 Sunrise Absorance Reader（Tecan，澳洲）以波長 570 nm 的光測定吸光值。將儀器測定出的讀值，對照標準品濃度，即可獲得樣品中蛋白質之濃度（單位：μg/μl）（圖一）。

NOTE

實驗附圖

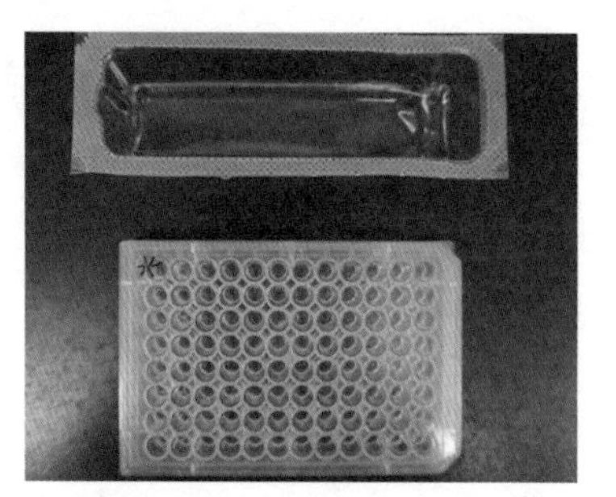

1.準備 BCA 試劑及 96 孔盤

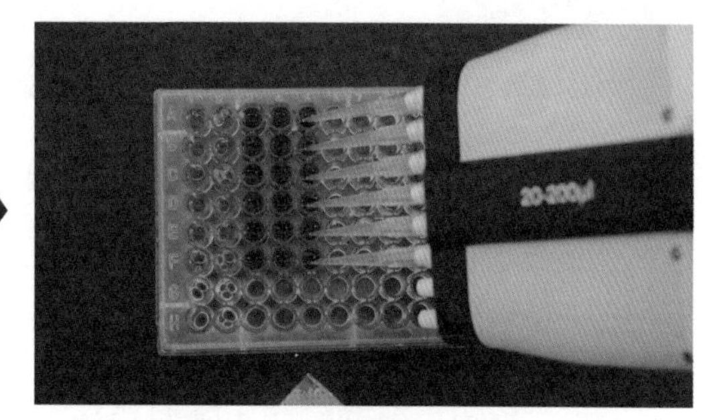

2.於 96 孔盤中加入蛋白質溶液及 BCA 試劑

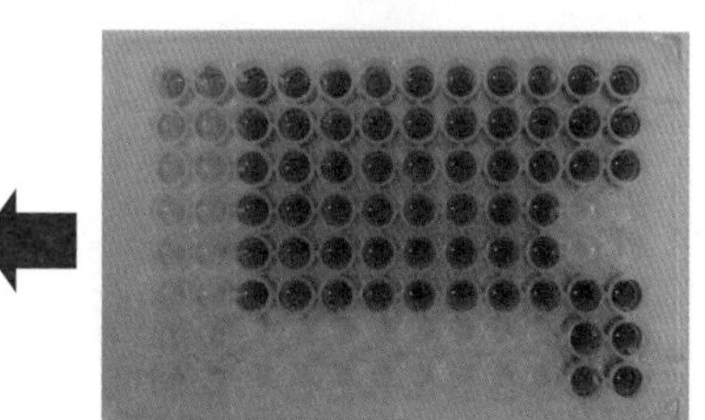

3.反應完成

4.利用酵素免疫分析儀 (Sunrise Absorance Reader) 檢測波長 570nm 的吸光值

● 圖一：蛋白質濃度檢測過程示意圖

實驗習題

❶ 請說明本實驗中使用的 BCA 試劑是利用何種原理偵測目標蛋白質？

❷ 請說明三種蛋白質濃度檢測方法的優缺點？

❸ 請列舉說明一種其他蛋白質濃度檢測的方法？

實驗 EXPERIMENT

18 農桿菌感染植物根段效率分析

利用土壤農桿菌（*Agrobacterium tumefaciens*）感染阿拉伯芥（*Arabidopsis thaliana*）植物小苗的過程，學習農桿菌轉殖植物的技術與原理，並增加對轉殖植物（Transgenic plants）或基因改造作物（Genetic modified crops、GM crops）的相關知識。

農桿菌感染植物過程

農桿菌是一種屬於革蘭氏陰性桿菌的植物病原菌，廣泛分布於土壤之中，其在自然環境中的宿主範圍相當廣泛，常見的宿主植物如：裸子植物、被子植物中的雙子葉植物和少數的單子葉植物。農桿菌的菌體內含有一 Ti 質體（tumor inducing plasmid），此質體上的一段 DNA，稱為轉移 DNA（transferred DNA、T-DNA），可被農桿菌運送至植物細胞內的序列。Ti 質體上具有一系列與感染植物過程相關的致病基因（virulence genes、*vir* genes），分別參與了植物訊息的辨認、T-DNA 的產生、T-DNA 的轉移、進入植物細胞及細胞核的過程，最後使 T-DNA 鑲嵌於植物染色體中並表現 T-DNA 內的基因。農桿菌在感染植物細胞的過程中，會利用許多植物細胞的蛋白質幫助 T-DNA 的運送，或利用植物細胞的 DNA 修復系統，使 T-DNA 能夠嵌入植物細胞的染色體中。最後可藉由植物細胞的轉錄及轉譯系統，表現 T-DNA 內含的外來基因。野生種農桿菌的 T-DNA 上，含有植物生長素和細胞分裂素的生合成基因，因此農桿菌在感染植物後，會使植物細胞發生不正常分裂、增生，而在植物體上產生冠瘿狀腫瘤。野生種農桿菌的 T-DNA 上，還含有另一種涉及冠瘿鹼（opine）生合成作用的基因，此類胺基酸衍生物可作為農桿菌的碳氮源。

農桿菌在自然界的宿主範圍非常廣泛，農桿菌可以感染藻類、裸子植物、被子植物中的雙子葉植物以及少數單子葉植物。由於農桿菌具有跨界轉移 DNA 的能力，故已普遍被使用做為產生轉殖植物（transgenic plants），及基因改造作物（genetic modified crops）之重要工具。農桿菌能成功有效地感染植物，需要二項關鍵因素：位在 Ti 質體上的 T-DNA 和致病基因的表現。經由科學研究結果得知只需保留農桿菌中 T-DNA 前後兩端的特定序列，稱為邊緣序列（T-DNA border sequences），就可以將原本 T-DNA 內所含有之基因片段，置換成其他基因片段，放入植物細胞中表現。此外，如果將致病基因保留在原來農桿菌的 Ti 質體上，而 T-DNA 從原來農桿菌的 Ti 質體上移除並放入農桿菌中其他的質體上，此類農桿菌仍然可以感染植物。由此建構將 T-DNA 與致病基因在農桿菌中二種不同的質體上運作的雙載體系統（binary vector system）。上述兩項重要發現，將農桿菌改造成為可將外來基因片段，放入植物細胞中表現的載體系統。本實驗中使用的農桿菌含有 pBISN1 質體，此質體上的 T-DNA 區域含有 ß-Glucuronidase（GUS）基因，因此當農桿菌成功感然植株後可將此 GUS 基因運送至植物細胞核中，經由修飾後基因可以在植物細胞中表現。當植物細胞中表現 ß-Glucuronidase 酵素時，可將 X-Gluc 基質水解生成藍色產物，可以使具有 GUS 活性的部位呈現藍色，利用肉眼或顯微鏡下可觀察到。

使用農桿菌轉殖植物，再搭配植物組織培養之技術，已成為現今最常用於生產轉殖植物與基因改造作物之主要方法。此系統之優點為操作技術簡單且成本低廉，轉殖效率穩定，容易獲得轉殖株。利用農桿菌轉殖系統放入之外來基因片段完整，且 DNA 片段大小較不受限，表現量也較穩定。全球現約有 10%的農地種植基因改良作物，且在第三世界國家的栽種面積逐年成長。基改作物中以大豆種植面積為最大、其次為棉花、玉米和油菜，佔全球基改作物總種植面積的 90%以上。植物生技產業及育種學家，利用農桿菌轉殖技術，改造提升或增加農作物的性狀，如增加農作物的抗蟲性、抗病性、提升產量、增加作物對高溫、高鹽、缺水的耐受性，提升作物含有的營養成分等性狀。

實驗材料

菌種：農桿菌（*Agrobacterium tumefaciens*）、阿拉伯芥（*Arabidopsis thaliana*）植物	
迴轉式震盪培養箱、無菌操作台、離心機、分光光度計、顯微鏡、微量離心管、微量吸管、試管、培養皿、酒精燈、解剖刀、無菌濾紙	
95%及 70%乙醇、50 %漂白水、0.1 % SDS（dodecyl sulfate sodium salt）、無菌蒸餾水、0.9%氯化鈉溶液（NaCl）	
523 培養基（pH7.0）	1% 蔗糖、0.8% casein enzymeatic hydrolysate、0.4%酵母萃取物（yeast extract）、0.3% 磷酸氫二鉀（K_2HPO_4）、0.03%硫酸鎂（$MgSO_4$）
B5 固態培養基（pH5.7）	0.3% Gamborg B5 basal salt、2% 蔗糖、0.8%洋菜粉
MS 固態培養基（pH5.7）	0.43% MS basal salt、0.05% MES、0.05% nicotinic acid（Vitamin B3）、0.05% pyridoxine-HCl（Vitamin B6）、0.05% thyamine-HCl（Vitamin B1）、0.01% myo-inositol、1 %蔗糖、0.8%洋菜粉
CIM 固態培養基（pH5.7）	0.43% MS basal salt、0.05% MES、0.05% nicotinic acid（Vitamin B3）、0.05% pyridoxine-HCl（Vitamin B6）、0.05% thyamine-HCl（Vitamin B1）、0.01% myo-inositol、2%葡萄糖、0.0005 % indole acetic acid（IAA）、0.00005% 2,4-dichlorophenoxyacetic acid（2,4-D）、0.00003% kinetin、0.8%洋菜粉
GUS 蛋白質染劑（pH 7.0）	50 mM 磷酸氫二鈉（Na_2HPO_4）、0.1% Triton X-100、1.5 mM 5-bromo-4-chloro-3-indolyl-β-D-glucuronic acid（X-gluc）

實驗步驟

1. 阿拉伯芥植株的培養

   (1) 將適量的阿拉伯芥種子分裝於微量離心管中，先以 1 毫升的 70 %酒精震盪 5-10 秒，進行種子表面殺菌，再移去酒精。

   (2) 加入 1 毫升的 50 %漂白水及 0.1 % SDS，於震盪器上震盪十分鐘後，將消毒溶液移除。

⑶ 再加入 1 毫升無菌二次水洗清種子，重複此清洗動作 5-7 次，直到種子無泡沫殘留。

⑷ 種子消毒完畢後，再加入 0.5 毫升的無菌二次水，並將種子置於 4°C低溫處理兩天，使種子進行春化作用以利於發芽。

⑸ 並將種子置於 B5 固態培養基上，培養於 24°C，光照 16 小時、黑暗 8 小時的生長條件下，培養 10-14 天（圖一）。

⑹ 將小苗移出換至含有 B5 固態培養基的嬰兒食品罐中，使小苗於相同上述之生長條件下繼續生長 4-5 周（圖一）。

2. 農桿菌之製備

⑴ 以 5 毫升的 523 液態培養基（含抗生素 rifampcin 50 µg/ul 及 kanamycin 20 µg/ul）培養農桿菌菌株，生長於 28°C 16-18 小時。

⑵ 吸取上述菌液約 2 毫升，至 20 毫升含適當抗生素的 523 液態培養基中進行再培養，待農桿菌生長至 OD_{600} 為 0.8-1.0，取出 1 毫升菌液至微量離心管中，於室溫下以 12,000 rpm 離心 2 分鐘，將上清液去除。

⑶ 再加入 1 毫升的 0.9 % NaCl 使菌液回溶，以洗去培養基中的抗生素。重複此清洗步驟兩次。

⑷ 再以適量 0.9 % NaCl 回溶菌液，使菌液最終濃度為 OD600＝1.0（約為 10^9 cells/ml），最後以 0.9 % NaCl 稀釋菌液至感染植物時所需之濃度。

3. 農桿菌感染植物的根段

⑴ 將生長 4-5 周大的阿拉伯芥植株，於無菌操作台內，使用長柄鑷子夾住植株根莖交接處，將植株輕柔往上拉提，以無菌解剖刀將植株根部切斷，並將根部切成 0.3-0.5 公分的根段（圖一）。

⑵ 將切好的根段鋪於 MS 固態培養基上，利用上述方式製備之菌液稀釋至欲感染的濃度，直接滴於根段上，靜置 30 分鐘進行初步感染（圖一）。

⑶ 以微量吸管將多餘菌液移除，並使農桿菌與植株根段於 22-24°C共培養 40-48 小時。

(4) 完成感染步驟後，以含有抗生素（100 μg/ml timentin）的無菌二次水將根段上殘留的農桿菌洗清，並將根段移至含有抗生素（100 μg/ml timentin）的 CIM 固態培養基上，於 22-24°C下培養四天。

(5) 再將根段移出至微量離心管後，加入適量的 GUS 蛋白質染劑，使根段於 37°C染色 16 小時。

(6) 利用解剖顯微鏡計算根段總數與藍點產生之比例，做為農桿菌感染植物的效率（圖一）。

實驗附圖

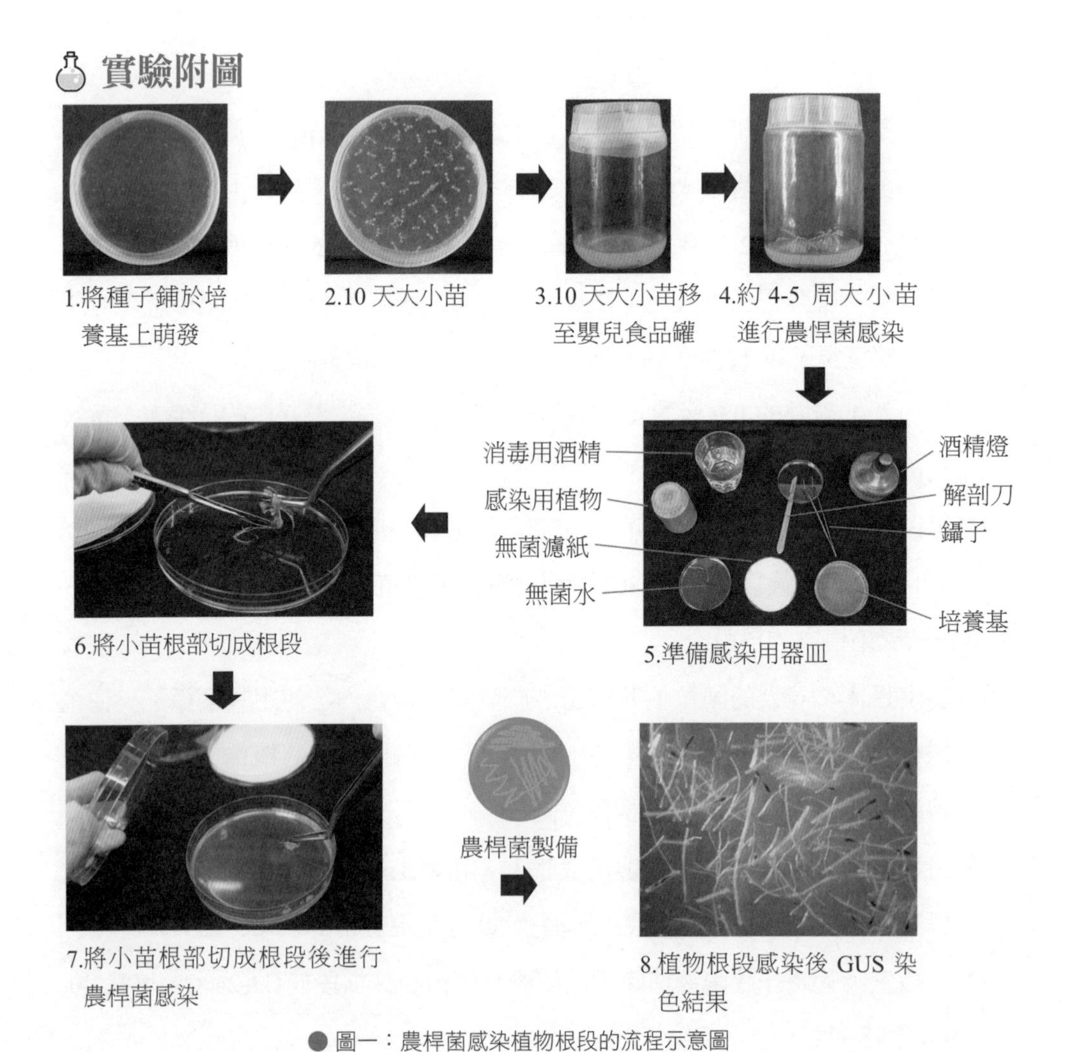

● 圖一：農桿菌感染植物根段的流程示意圖

NOTE

實驗習題

❶ 請說明農桿菌的雙載體系統？

❷ 請說明本實驗中所使用的 GUS 基因功能？

❸ 請列舉二種常見的基因改造作物？

附錄 分子生物學實驗中常用的數據、換算關係和實驗資料

1. 常用單位及換算方法

(1) 長度單位

1 米（m）＝10 分寸（dm）＝100 公分（cm）＝10^3 毫米（mm）＝10^6 微米（μm）＝10^9 納米（nm）＝10^{10} 埃（Å）

(2) 體積單位

1 升（l）＝10 分升（dl）＝100 厘升（cl）＝10^3 毫升（ml）＝10^6 微升（μl）

(3) 重量單位

1 公斤（kg）＝10^3 克（g）＝10^4 分克（dg）＝10^5 厘克（cg）＝10^6 毫克（mg）＝10^9 微克（μg）

1 磅＝453.59237 克（g）

(4) 莫耳濃度單位

1 M＝10^3 mM＝10^6 μM＝10^9 nM＝10^{12} pM

2. 常用核酸、蛋白質換算數據

(1) 重量換算

1 μg＝10^{-6} g

1 ng＝10^{-9} g

1 pg＝10^{-12} g

1 fg＝10^{-15} g

(2) 分光光度換算

1 個 OD_{260} 雙股 DNA＝50 μg/mL

1 個 OD_{260} 單股 DNA＝33 μg/mL

1 個 OD_{260} 單股 RNA＝40 μg/mL

(3) DNA 莫耳換算

1 μg 1000 bp DNA＝1.52 pmol

1 pmol 1000 bp DNA＝0.66 μg

(4) 蛋白質/ DNA 換算

1 kb DNA＝333 個胺基酸編碼容量＝$3.7x10^4$ 蛋白質（M_r）

10,000 蛋白質（M_r）＝270 bp DNA

30,000 蛋白質（M_r）＝810 bp DNA

50,000 蛋白質（M_r）＝1.35 kb DNA

100,000 蛋白質（M_r）＝2.7 kb DNA

3. **與 DNA 凝膠電泳有關的數據**

(1) 洋菜膠濃度與線性 DNA 可分辨範圍

洋菜膠體濃度（%）	線性 DNA 長度（bp）
0.5	1,000 ~ 30,000
0.7	800 ~ 12,000
1.0	500 ~ 10,000
1.2	400 ~ 7,000
1.5	200 ~ 3,000
2.0	50 ~ 2,000

(2) 聚丙烯醯胺凝膠對 DNA 的可分辨範圍

丙烯醯胺（%）（W/V）*	分離範圍（bp）
3.5	100 ~ 2,000
5.0	80 ~ 500
8.0	60 ~ 400
12.0	40 ~ 200
15.0	25 ~ 150
20.0	6 ~ 100

*其中含有 N，N'-亞甲基雙丙烯醯胺，濃度為丙烯醯胺的 1/30

參考文獻

1. 方世華、吳禮字、李珍珍、李哲欣、洪千惠、陳筱晴、項千芸、劉昭君、賴志河、鍾景光，2015，微生物學實驗，新文京開發出版股份有限公司。
2. 王政光，2001，生物學實驗，九州圖書文物有限公司。
3. 王政光，2006，醫護生物與生物技術學實驗，新文京開發出版股份有限公司。
4. 朱玉賢、李毅現，2004，現代分子生物學，藝軒圖書出版社。
5. 江翠蓮，2003，生物學實驗，新文京開發出版股份有限公司。
6. 吳全耀，2003，普通微生物學實驗，九州圖書文物有限公司。
7. 李大維、江翠蓮、黃海義、黃瓊華、劉又彰，2012，生物學實驗，新文京開發出版股份有限公司。
8. 汪炳華，2009，醫學生物化學實驗技術（Medical biochemistry），合記圖書出版社。
9. 貝克爾、卡德威爾、札，1993，實用生物技術：實驗室操作，藝軒圖書出版社。
10. 林一郎、郭永斌、陳瑞祥、葉貞吟，2008，生物技術實驗，華格那企業。
11. 林幸助、薛美莉、陳添水、何東輯，2009，濕地生態系生物多樣性監測系統標準作業程序，行政院農業委員會特有生物研究保育中心。
12. 國立屏東科技大學生物技術教學研究群，1998，生物技術基礎實驗，國立屏東科技大學。
13. 梁宋平，2006，生物化學與分子生物學實驗課程，藝軒圖書出版社。
14. 張振隆，2005，基礎生理學實驗，能文豐文化出版社。
15. 黃榮富、潘志弘、郭素芬、林文文、蔡美玲，2010，生物學實驗，藝軒圖書出版社。
16. 楊美桂，2015，普通微生物學實驗（第三版），藝軒圖書出版社。
17. 溫永福、鄭湧涇、郭麗香、周雪美，2002，生物學實驗（修訂版），藝軒圖書出版社。
18. 諸亞儂，1992，生物學實驗，三民書局。
19. 鍾楊聰、葉開溫，2013，生物學，台灣培生教育出版。
20. 魏群，2001，分子生物學實驗手冊，九州圖書文物有限公司。
21. Alock, J. 2013. Animal Behavior: An evolutionary approach（10th edition）. Oxford: Oxford University Press.
22. Bacha, W.J. Jr. and Bacha L.M.（eds）2012. Color Atlas of Veterinary Histoligy（3rd edition）. Hoboken: Wiley-Blackwell.

23. Ebert, T.A. 1999. Plant and Animal Populations: Methods in demography. San Diego: Academic Press.

24. MacDonald, D.W., Stewart, P.D., Stopka, P., and Yamaguchi, N. 2000. Measuring the dynamics of mammalian societies: an ecologist's guide to ethological methods. Pages 332-388 *in* Boitani, L. and Fuller, T. K.（eds）. Research Techniques in Animal Ecology: Controversies and Consequences（2nd edition）. New York: Columbia University Press.

25. Navis, A.R., "A Series of Normal Stages in the Development of the Chick Embryo"（1951）, by Viktor Hamburger and Howard L. Hamilton". Embryo Project Encyclopedia（2007-10-30）. ISSN: 1940-5030 http://embryo.asu.edu/handle/10776/1710.

26. Urry, L.A., Cain, M.L., Wasserman S.A., Minorsky, P.V., Reece, J.B. and Campbell, N.A. 2016. Campbell Biology（11th edition）. Boston: Pearson.

中英文名詞對照

實驗 01

實驗 02

脊椎動物 Vertebrata 12、21
假體腔動物 Pseudocoelomata 12
側生動物 Parazoa 12
眼蟲 *Euglena* 12
貧毛類 oligochaete 13
軟體動物門 Phylum Mollusca 14
陰莖 penis/ terminal organ 15
無體腔動物 Acoelomata 12
嗉囊 crop 13
節片 proglottid 13
腹足類 gastropod 14
精巢 testis 15
精莢囊 Needham's sac 15
墨囊 ink sac 15
線蟲動物門 Phylum Nematoda 13
齒舌 radula 14
輸卵管 oviduct 15
輻射對稱動物 Radiata 12
頭足類 cephalopod 14
頭節 scolex 13
環節動物門 Phylum Annelida 13
雙殼類 bivalve 14
襟細胞 Choanocyte 12
鰓 gill 15
鰓心 branchial heart 15
纏卵腺 nidamental gland 15

實驗 03

文昌魚 *Amphioxus* sp. 22
水管系統 water vascular system 22
甲殼類 crustacean 21
尾索動物 Urochordata 22
步行足 walking legs 21
居維氏管 Cuvierian tubules 22
咽鰓裂 gill silts 22
海樽 Thaliacea 22
海鞘 Ascidiacea 22
神經索 nerve tube 22
脊索 notochord 22
脊索動物門 Phylum Chordata 22
被囊動物亞門 Subphylum Tunicata 22
壺腹 ampulla 22
棘皮動物門 Phylum Echinodermata 21
開放式循環系統 open circulatory system 21
節肢動物門 Phylum Arthropoda 21
管足 tube feet 22
管狀呼吸樹 respiratory tree 22
網狀水管 hydraulic canals 22
頭索動物亞門 Subphylum Cephalochordata 22
觸角 antennae 21

實驗 04

全頭亞綱 Holocephali 28
有袋類 marsupials 29
有鱗目 Squamata 29
羊膜動物 Amniota 29
肉鰭魚 Crossopterygii 28
有尾目 Urodela 29
兩棲綱 Amphibia 29
板鰓亞綱 Elasmobranchii 28
爬蟲綱 Reptila 29
盲鰻 hagfish 28
胎盤類動物 placentals 29

實驗 05

實驗 06

實驗 07

實驗 08

英文索引

國家圖書館出版品預行編目(CIP)資料

生命科學實驗手冊. 動物暨分子生物學篇 /
黃皓瑄, 劉聖譽, 何瓊紋著.
-- 初版. -- 臺中市：興大, 民 108.05
面； 公分. --（興大學術系列叢書）
ISBN 978-986-05-9319-8(平裝)

興大學術系列叢書
生命科學實驗手冊——動物暨分子生物學篇
Handbook of Life Science Experiments

編 著 者／黃皓瑄、劉聖譽、何瓊紋
責任編輯／黃俊升、曾慧芬、吳珊瑜
封面設計／斐類設計工作室
美編排版／菩薩蠻數位文化有限公司

發 行 人／薛富盛
總 編 輯／林 偉
出 版 者／國立中興大學
地　　址：402 臺中市南區興大路 145 號
電　　話：(04) 2284-0291
傳　　真：(02) 2287-3454
服務信箱：press@nchu.edu.tw
經 銷 商／思行文化傳播有限公司
地　　址：新北市永和區民權路 53 號 8 樓 815 室
電　　話：(02) 2949-0172
傳　　真：(02) 2949-0161
服務信箱：service@tec2c.com

出版日期／民國 108 年 5 月 初版一刷
定　　價／新臺幣 380 元

法律顧問／吳光陸律師
ISBN ／ 978-986-05-9319-8
GPN ／ 1010801483